# Zwölf Geduldspiele

Zauberquadrate, Rösselsprung-Bildungen, Boss-Puzzle, Nonnenspiel, Spaziergänge der Pensionatsdamen, Umfüllungs-Aufgaben, Rundreise-Spiele u. s. w.

für Nicht-Mathematiker

**zum Zwecke der Unterhaltung**

historisch und kritisch beleuchtet

von

**Dr. Hermann Schubert,**
Professor an der Gelehrtenschule des Johanneums zu Hamburg.

Neue Ausgabe.

**Leipzig.**
G. J. Göschen'sche Verlagshandlung.
1899.

Geduldspiele schärfen den Verstand, indem sie ihn belustigen.
Leibnitz.

# Vorwort.

Die im vorliegenden Buche enthaltenen 12 Artikel erschienen von 1891 bis 1894 in der „Naturwissenschaftlichen Wochenschrift“ unter dem Titel „Mathematische Spielereien in kritischer und historischer Beleuchtung.“ Das rege Interesse, welches sich für die in diesen Artikeln behandelten Geduldspiele durch öftere Zuschriften und Anfragen an den Verfasser kundgab, bewogen ihn und den Verleger der Zeitschrift, die Artikel auch in Buchform erscheinen zu lassen.

Da das Buch gemeinverständlich und unterhaltend sein will, so enthält es weder trockene Rechen-Exempel noch abschreckende Formeln. Sein Zweck besteht vielmehr in erster Linie darin, die interessantesten von den auf Anwendung des Verstandes beruhenden Geduldspielen, wie Zauberquadrate, Boss-Puzzle, Nonnenspiel u. s. w., dem tieferen Verständniss gebildeter Nicht-Mathematiker näher zu bringen. Andrerseits dürfte auch die reifere Jugend, indem sie das Buch liest, unterhalten werden, ohne zu merken, dass sie belehrt wird.

Die Bücher und Abhandlungen, welche der Verfasser benutzt hat, sind an den betreffenden Stellen kurz citirt. Doch möchte der Verfasser schon an dieser Stelle erwähnen, dass er am meisten den von Herrn Lucas herausgegebenen „Récréations Mathématiques“ (Paris, 1882) und den von Herrn Ball verfassten „Mathematical Recreations and Problems“ (London 1892) verdankt.

Aber auch der Kenner dieser beiden Bücher wird in den nachfolgenden 12 Artikeln viel Neues finden, namentlich im IX., X. und XII.

Hamburg, September 1894.

**Hermann Schubert.**

# Inhalts-Verzeichniss.

Das Sprichwort „Es giebt nichts Neues unter der Sonne“ gilt besonders auch von den geistreichen Unterhaltungs-Aufgaben, welche von Zeit zu Zeit in der Welt auftauchen und einen grossen Theil der gebildeten Menschheit dadurch fesseln, dass zu ihrer Lösung weniger eine mühevolle Berechnung als vielmehr Nachdenken und Geduld erforderlich ist. Derartige Aufgaben sind oft viele Jahrhunderte alt, und werden, wenn sie in Vergessenheit gerathen sind, plötzlich von einem unternehmenden Verleger wieder an's Tageslicht gezogen, und als Novität verbreitet, bisweilen ganz in der alten Gestalt, bisweilen verfeinert und verbessert oder doch in einem modernisirten Kleide dargestellt. Beispielsweise erschien vor etwa 3 Jahren ein Spiel, dessen Deckel u. A. die Worte zeigt: „Das Achterspiel (Neues Puzzle-Spiel); Lösbar aber schwierig; gesetzlich geschützt unter No. 914; am 16. Juli 1889 als Patent angemeldet.“ Die ebenfalls auf dem Deckel befindliche Spiel-Regel lautet: „Man bedecke acht Felder mit den beifolgenden acht Steinen derart, dass weder zwei noch mehrere derselben in gerader oder schräger Linie correspondiren.“ In einer beiliegenden Begutachtung wird ferner gesagt, dass dieses Spiel „einzig in seiner Art ist und alle bisher dagewesenen und noch existirenden Puzzle-Spiele an Interessantheit übertrifft.“ Nun ist aber die eben genannte Spielregel schon vor etwa 50 Jahren von dem Gelehrten Nauck dem berühmten deutschen Mathematiker Gauss vorgelegt, dann von diesem in seinem Briefwechsel mit Schumacher ausführlich erörtert, und Veranlassung zur Erzeugung einer ganzen

Litteratur geworden. Eine Geschichte des in der Spielregel enthaltenen Problems erschien 1874 von Siegmund Günther, jetzt Professor in München. (Näheres hier unter I.)

Während dieses jetzt wieder aufgewärmte Problem nicht älter als 50 Jahre ist, giebt es auch fesselnde Unterhaltungsaufgaben, die sich bis in die graue Vorzeit zurückverfolgen lassen. Dazu gehören z. B. die Probleme der erschwerten Ueberfahrt, unter denen das einfachste verlangt, einen Wolf, eine Ziege und einen Kohlkopf in einem Boote, das nur für eins von diesen drei Wesen Platz hat, über einen Fluss zu fahren, und dafür zu sorgen, dass weder Wolf und Ziege, noch auch Ziege und Kohlkopf an einem Ufer allein bleiben, weil der Wolf die Ziege und die Ziege den Kohlkopf fressen könnte. Diese Aufgabe war schon den römischen Knaben zur Zeit des Augustus ebenso eine Quelle der Unterhaltung, wie den Knaben unseres elektrischen Zeitalters.

Im Folgenden sollen nun nach und nach die interessantesten dieser fesselnden Unterhaltungsaufgaben näher besprochen und beleuchtet werden. Dazu gehören ausser den beiden schon erwähnten Aufgaben das Problem der magischen Quadrate, des Rösselsprungs, des Boss-Puzzle oder Fünfzehner-Spiels und noch viele andere Probleme.

## I. Das Problem der acht Königinnen.*)

Wie das Schachspiel selbst, so sind auch mehrere von den Geduld-Aufgaben, die sich auf die Figur des Schachspiels beziehen, auf indischem Boden gewachsen. Die Aufgabe aber, die wir hier besprechen wollen, ist vor 50 bis 60 Jahren in Deutschland entstanden. Nachdem sie dem Mathematiker Carl Friedrich Gauss in Göttingen vorgelegt war, machte dieser sie zum Gegenstand der Besprechung in seinem bekannten Briefwechsel mit dem Astronomen Schumacher in Altona. Er sprach die Aufgabe in folgender Weise aus: „Acht Königinnen auf die 64 Felder des Schachbretts so zu stellen, dass keine die andere schlagen

*) Vergl. auch „Naturw. Wochenschr.“ Bd. V No. 30 S. 291 ff.: Simon: „Die 8 Königinnen auf dem Schachbrett.“ Red.

kann; oder, was auf dasselbe hinauskommt, von den 64 Feldern eines Schachbretts solche acht auszuwählen, dass nicht zwei oder mehr von den ausgewählten Feldern in einer Reihe stehen, die einem Rande oder einer Diagonale des Schachbretts parallel ist." Gauss fand zuerst 76 Arten, die 8 Felder auszuwählen, dann 72 Arten, und endlich die richtige Zahl, nämlich 92 Arten. Später, im Jahre 1861, wurde dasselbe Problem von dem italienischen Mathematiker Bellavitis behandelt, und zwar in den „Atti dell' Instituto Veneto", Band 6, S. 134. Bellavitis fand dieselben 92 Lösungen, die schon Gauss angegeben hatte. Im Jahre 1869 stellte der französische Mathematiker Lionnet das Problem der acht Königinnen in den „Nouvelles Annales de Mathématiques" (2 série, tome III, p. 560) von Neuem auf. Vorher schon, im Jahre 1867, hatten sich die Artillerie-Offiziere Parmentier und Noë damit beschäftigt, die sämmtlichen Lösungen methodisch aufzufinden, ohne zu wissen, dass das Problem schon mehrfach vorher behandelt worden war. Sie theilten ihre Lösungsmethode 1879 dem Mathematiker Edouard Lucas mit, der sie in seinen „Récréations" veröffentlichte. Die Geschichte des Problems stellte 1874 Prof. Siegmund Günther in dem Grunert'schen Archiv der Math. und Physik (Band 56, Theil III, S. 291 u. 292) zusammen, zugleich mit einer Ausdehnung des Problems auf ein quadratisches Brett mit 5 mal 5 Feldern. Endlich gab Professor Glaisher in Cambridge, der bekannte Herausgeber der Faktorentafeln, eine Erörterung des Problems auch in den Fällen, wo statt 8 mal 8 Felder, 5 mal 5, 6 mal 6 und 7 mal 7 Felder gegeben sind. (Philos. Magazine, December 1874.)

Nachdem wir das Problem selbst und die Geschichte desselben kennen gelernt haben, wollen wir zunächst an einer von den 92 Lösungen eine die Besprechung erleichternde Bezeichnungsweise erklären. Die durch einen Punkt gekennzeichneten Felder der umstehenden Figur bilden eine genaue Lösung, weil niemals zwei markirte Felder in einer und derselben horizontalen, vertikalen oder diagonalen Linie liegen.

Wir wollen nun sagen, dass 8 Felder, deren Centren eine

wagerechte Linie (von links nach rechts) bilden, in einer *Reihe* liegen, und dass 8 Felder, deren Centren eine senkrechte Linie (von unten nach oben) bilden, in einer *Columne* liegen. Nach den Bedingungen der Aufgabe muss immer auf jeder der acht Linien und auf jeder der acht Columnen ein Feld, aber auch *nur* ein Feld markirt sein. wir können desshalb eine Lösung sehr einfach dadurch bezeichnen, dass wir für die acht Columnen in der Reihenfolge von links nach rechts, die Zahlen hinschreiben, welche angeben, das wievielte Feld, von unten nach oben gerechnet, markirt ist, so dass die oben in einer Schachbrett-Figurdargestellte Lösung durch die Zahlen-Gruppirung:

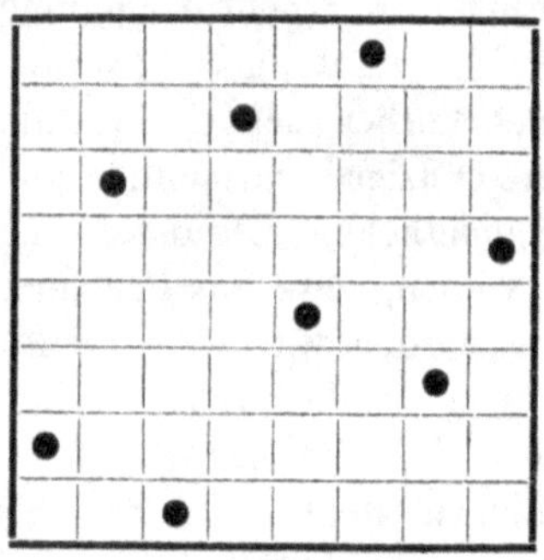

26 174 835

zu bezeichnen ist. Aus jeder Lösung können noch 7 weitere abgeleitete dadurch entstehen, dass man sich das Schachbrett entweder *gedreht* oder *spiegelbildlich* denkt. So entsteht aus der obigen Lösung die neue Lösung:

68 241 753

dadurch, dass man sich das Schachbrett im Sinne eines Uhrzeigers um eine Viertel-Umdrehung gedreht denkt. Durch Weiterdrehen, immer um eine Viertel-Umdrehung entstehen noch zwei weitere Lösungen, nämlich:

46 152 837 und 64 285 713.

Aus jeder dieser 4 Lösungen entsteht nun noch dadurch eine neue, dass man sich einen auf der Ebene des Schachbretts senkrecht stehenden und diese Ebene in der linken Kante des Schachbretts schneidenden Spiegel vorstellt und das Spiegelbild der Lösung betrachtet. Dadurch entsteht aus jeder Lösung eine solche, deren Bezeichnung dieselben Zahlen, aber genau in umgekehrter Reihenfolge, enthält, also:

53 847 162, 35 714 286, 73 825 164, 31 758 246.

Nicht immer giebt eine Lösung auf diese Weise zu im ganzen 8 Lösungen Veranlassung. Zwar muss das Spiegelbild immer eine neue Lösung erzeugen, aber die Umdrehungen können auch die schon gefundenen Lösungen noch einmal liefern. Beispielsweise erzeugt die Lösung 46827135, also die Figur:

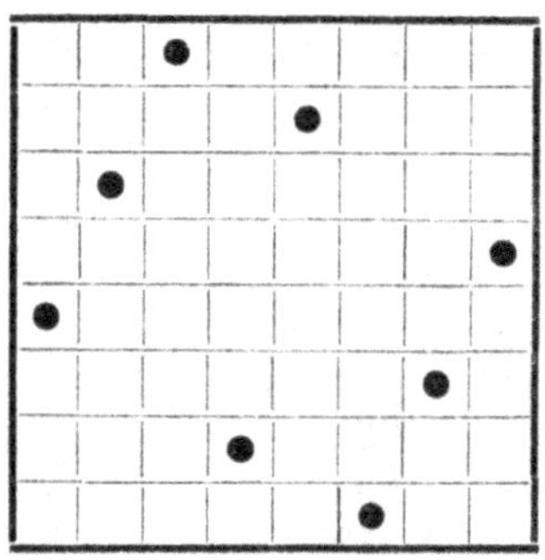

sich selbst wieder, wenn man sich das Schachbrett um eine **halbe** Umdrehung gedreht denkt. Eine neue Lösung erhält man dagegen, wenn man das Spiegelbild der ursprünglichen Lösung nimmt, oder, wenn man das Schachbrett um eine Viertel-Umdrehung wendet. Im letzteren Falle entsteht 35 281 746. Da auch das Spiegelbild dieser Lösung Neues giebt, so giebt 46 827 135 zu im ganzen drei weiteren Lösungen Veranlassung, nämlich zu:

35 281 746, 53 172 864, 64 718 253.

So gehören also entweder 8 oder 4 Lösungen derartig zusammen, dass jede Lösung einer Gruppe die übrigen 7 bezw. 3 in der besprochenen Weise zu erzeugen vermag. Die soeben erörterte Gruppe von 4 Lösungen ist die einzige Gruppe, die nur 4 Lösungen enthält. Ausserdem giebt es noch 11 Gruppen, deren jede 8 zusammengehörige Lösungen enthält. So entstehen im Ganzen die 92 Lösungen, die schon Gauss gefunden hat, und die wir hier mit Benutzung der oben erklärten Bezeichnungsweise zusammenstellen. Wir ordnen dieselben, wie es schon Parmentier 1867 that, nach der Grösse der vornstehenden Ziffern.

Tabelle der 92 Lösungen des Problems der 8 Königinnen.

| | | | |
|---|---|---|---|
| 15 863 724 | 36 815 724 | 51 468 273 | 63 185 247 |
| 16 837 425 | 36 824 175 | 51 842 736 | 63 571 428 |
| 17 468 253 | 37 285 146 | 51 863 724 | 63 581 427 |
| 17 582 463 | 37 286 415 | 52 468 317 | 63 724 815 |
| 24 683 175 | 38 471 625 | 52 473 861 | 63 728 514 |
| 25 713 864 | 41 582 736 | 52 617 483 | 63 741 825 |
| 25 741 863 | 41 586 372 | 52 814 736 | 64 158 273 |
| 26 174 835 | 42 586 137 | 53 168 247 | 64 285 713 |
| 26 831 475 | 42 736 815 | 53 172 864 | 64 713 528 |
| 27 368 514 | 42 736 851 | 53 847 162 | 64 718 253 |
| 27 581 463 | 42 751 863 | 57 138 642 | 68 241 753 |
| 28 613 574 | 42 857 136 | 57 142 863 | 71 386 425 |
| 31 758 246 | 42 861 357 | 57 248 136 | 72 418 536 |
| 35 281 746 | 46 152 837 | 57 263 148 | 72 631 485 |
| 35 286 471 | 46 827 135 | 57 263 184 | 73 168 524 |
| 35 714 286 | 46 831 752 | 57 413 862 | 73 825 164 |
| 35 841 726 | 47 185 263 | 58 413 627 | 74 258 136 |
| 36 258 174 | 47 382 516 | 58 417 263 | 74 286 135 |
| 36 271 485 | 47 526 138 | 61 528 374 | 75 316 824 |
| 36 275 184 | 47 531 682 | 62 713 584 | 82 417 536 |
| 36 418 572 | 48 136 275 | 62 714 853 | 82 531 746 |
| 36 428 571 | 48 157 263 | 63 175 824 | 83 162 574 |
| 36 814 752 | 48 531 726 | 63 184 275 | 84 136 275 |

Obwohl diese 92 Lösungen existiren, ist es doch sehr schwer, auch nur eine einzige Lösung durch Probiren zu finden. Dieses begreift man, wenn man bedenkt, dass die Zahlen von 1 bis 8, welche in den obigen Zahlen-Gruppirungen auf 92 Arten zusammengestellt sind, sich auf $1 \times 2 \times 3 \times 4 \times 5 \times 6 \times 7 \times 8 = 40\,320$ Arten, überhaupt zusammenfassen lassen.

Die obige Tabelle lässt sich genau in der angegebenen Reihenfolge der 92 Lösungen, durch ein methodisches

Probiren auf folgende Weise finden. Man setzt zunächst eine Königin auf das unterste Feld der ersten Columne, die zweite Königin auf das unterste Feld von allen denjenigen Feldern der zweiten Columne, die nun noch möglich sind, also auf das dritte. Ebenso behandelt man jede weitere Columne. Dann wird man bald dazu kommen, kein Feld einer Columne mehr zu finden, das nach den Bedingungen der Aufgabe noch besetzbar wäre. Man muss dann diesen Versuch als gescheitert betrachten, und auf die zweite Columne zurückgehend, das vierte statt des dritten Feldes besetzen. Auch dieser Versuch wird scheitern, und man wählt nun das fünfte Feld der zweiten Columne. Dieser Versuch wird erst dann gelingen, wenn man in der dritten Columne das achte Feld besetzt. So findet man als erste Lösung schliesslich 15 863 724. Auch mit dem sechsten Felde der zweiten Columne wird ein Versuch gelingen. Bei der Besetzung des siebenten Feldes ergeben sich dann zwei verschiedene Lösungen, dagegen gar keine bei der Besetzung des achten Feldes. So erhält man die 4 Lösungen, bei denen das Feld links unten besetzt ist. Genau so methodisch weiter probirend, beginnt man mit dem zweiten Felde der ersten Columne, und erhält 8 Lösungen, bis man schliesslich für das achte Feld der ersten Lösungen die 4 Lösungen erhält, die in der obigen Tabelle den Schluss bilden. Scharfsinniger als diese Methode, die im wesentlichen nichts weiter als ein mit Ordnungsliebe gepaartes Probiren ist, erweist sich die von La Noë angegebene Methode, welcher von den 4 Feldern ausgeht, die um die Mitte gruppirt sind, dann die 12 Felder betrachtet, die, diesen zunächst benachbart, sie ringformig umgeben, u. s. w. So erhält man ausser dem Mittelquadrat noch drei Umzäunungen nach aussen hin, von bezw. 12, 20, 28 Feldern. Besetzt man nun eins der Felder des Mittelquadrats willkürlich, so erkennt man sofort, dass die nächste Umzäunung nur auf zweifache Weise von zwei Königinnen besetzbar ist. Probirt man auf diese Weise weiter bis zu der äussersten Umzäunung, so erhält man die 92 Lösungen auf leichtere und elegantere Art, als nach der ersten Methode.

An das Problem der acht Königinnen schliesst sich die Frage an, welche sieben weitere Felder zu besetzen sind, wenn schon ein willkürlich gewähltes Feld durch eine Königin besetzt ist. Bezeichnet (a b) ein Feld, das von einer horizontalen Kante a, von der vertikalen Kante b Felder weit abliegt, oder umgekehrt, so giebt es nur 4 Lösungen, wenn die erste Königin eins der 4 mit (11) zu bezeichnenden Eck-Felder besetzt hat, dagegen 8 für (21) als erstes Feld, und überhaupt ist die Zahl der Lösungen: 4 für (11), 8 für (21), 16 für (31), 18 für (41), 16 für (22), 14 für (32), 8 für (42), 4 für (33), 12 für (43), 8 für (44). Berücksichtigt man, dass durch (11), (22), (33), (44) je 4 Felder, durch die übrigen Klammern je 8 Felder bezeichnet werden, so erhält man hiernach 4. (4 + 16 + 4 + 8) plus 8. (8 + 16 + 18 + 14 + 8 + 12) = 736 als Lösungssumme. Dies lässt sich auch aus der Lösungszahl 92 des Hauptproblems ableiten. Denn jede der 92 Lösungen giebt zu 8 Lösungen in dem neuen Sinne Veranlassung, und 92 mal 8 giebt in der That auch 736.

Bisher haben wir immer nur von dem Problem der acht Königinnen auf den acht mal acht Feldern des eigentlichen Schachbretts gesprochen. Schon Günther und Glaisher haben jedoch das Problem auch für weniger quadratisch geordnete Felder behandelt. Für 4 mal 4 ist das Problem sehr leicht zu lösen. Es ergeben sich nur die beiden Lösungen 2413 und 3142, welche einander spiegelbildlich sind und durch die beiden folgenden Figuren dargestellt werden:

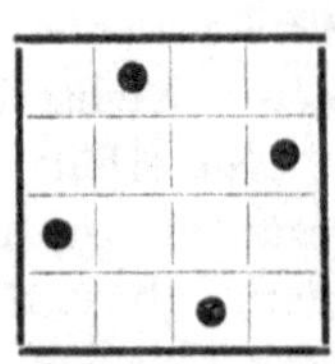

und

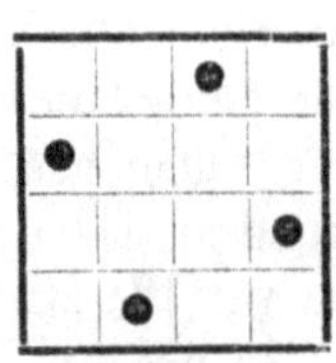

Für fünf mal fünf Felder ergeben sich im Ganzen 10 Lösungen, nämlich erstens 25 314 nebst ihrem Spiegelbilde, zweitens 53 142 nebst den sieben zugehörigen Lösungen, die aus ihr durch Drehung und Spiegelung entstehen. Eigenthümlich ist, dass für 6 mal 6 Felder die Zahl der Lösungen wieder herabsinkt. In diesem Falle giebt es nämlich keine weiteren Lösungen als die folgenden vier:

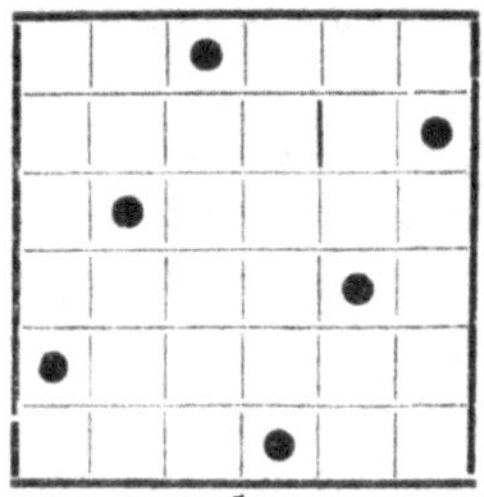
1.

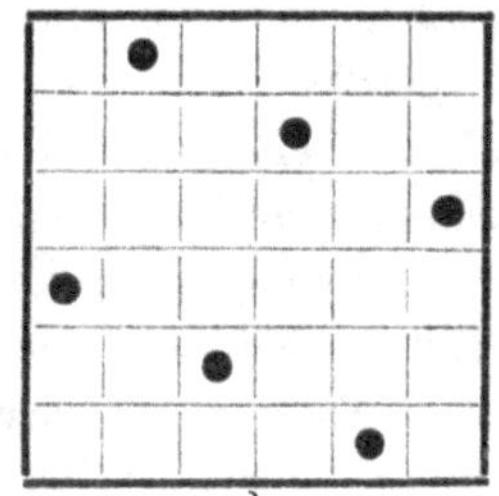
2.

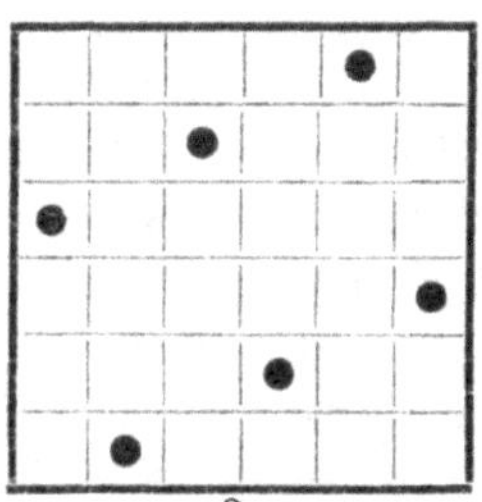
3.

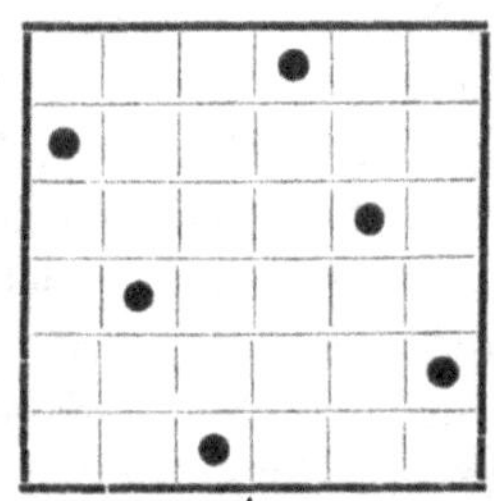
4.

Bei sieben mal sieben Feldern wird die Lösungszahl wieder gross, nämlich 40, und zwar haben zwei Lösungen je nur drei zugehörige, während vier Lösungen je sieben zugehörige Lösungen besitzen. Die ersteren beiden sind:

5 724 613 und 3 724 615,

während die vier letzteren durch die Zahlen-Gruppen:

6 357 142, 4 613 572, 1 357 246, 3 572 416

darstellbar sind.

Für eine höhere Anzahl von Feldern als zehn mal zehn, ist die genaue Lösungszahl bis jetzt noch nicht bekannt. Vielleicht erwirbt sich einer unserer Leser das Verdienst, das Problem der acht Königinnen auf höhere Felderzahl auszudehnen. Für 9 mal 9 und 10 mal 10 Felder hat neuerdings Herr Delannoy die 352 bezw. 724 Lösungen aufgestellt.

Schliesslich sei noch bemerkt, dass man, mit Hülfe unserer Bezeichnungsweise durch Zahlengruppen, unserm Probleme auch eine rein arithmetische Fassung geben kann, die es gestattet, von der Figur des Schachbretts ganz abzusehen. Denkt man sich nämlich die Zahlen von 1 bis 8 in allen möglichen Anordnungen (Permutationen) geschrieben, so erhält man $1 \times 2 \times 3 \times 4 \times 5 \times 6 \times 7 \times 8$ gleich 40 320 Gruppen. Diese Gruppen würden die sämmtlichen Lösungen der Aufgabe darstellen, nicht acht Königinnen, sondern acht Thürme so auf das Schachbrett zu stellen, dass keiner den andern schlagen kann. Es handelt sich also noch darum, von vornherein diejenigen Lösungen auszuscheiden, in denen irgend zwei Zahlen vorkommen, welche sich auf zwei zu einer Diagonale parallel liegende Felder beziehen. Durch diese Ueberlegung bekommt das Problem der acht Königinnen folgende arithmetische Fassung: „Unter den sämmtlichen Permutationen der Zahlen von 1 bis 8 diejenigen Gruppen auszuwählen, bei denen es nicht vorkommt, das irgend zwei Zahlen einer Gruppe sich um ebenso viel unterscheiden, wie die Nummern, welche sie in der Reihenfolge von links nach rechts einnehmen". Beispielsweise darf die Gruppe 17468235 nicht gewählt werden, weil die Zahlen 2 und 3 sich um eins unterscheiden, und auch ihre beiden Rangordnungen, 6 und 7, sich um eins unterscheiden, und weil überdies auch die Zahlen 6 und 3 sich ebenso wie ihre Rangordnungen, 4 und 7, um drei unterscheiden.

## II. Aufgaben der erschwerten Ueberfahrt.

Wer hat nicht schon als Knabe von der Aufgabe gehört, einen Wolf, eine Ziege und einen Kohlkopf über einen Fluss in einem Boote überzusetzen, dass ausser für den Fährmann nur noch für den Wolf allein, für die Ziege allein oder für den Kohlkopf allein Platz hat, wobei vermieden werden soll, dass der Wolf die Ziege oder die Ziege den Kohlkopf frisst, was bei Abwesenheit des Fährmanns zu befürchten steht? Die Lösung besteht natürlich darin, dass der Fährmann zuerst die Ziege überfährt, weil der Wolf den Kohlkopf nicht frisst. Darauf wird der Kohlkopf geholt und bei der Rückfahrt die Ziege wieder nach dem ersten Ufer transportirt. Nun lässt der Fährmann die Ziege auf dem ersten Ufer allein und fährt den Wolf über, der sich nun ärgert, wieder von der Ziege getrennt zu sein und auf dem zweiten Ufer nichts weiter als den Kohlkopf vorzufinden. Endlich fährt der Fährmann noch die Ziege hinüber, so dass im Ganzen vier Hin- und Rückfahrten erforderlich sind. Natürlich konnte bei der zweiten Hinfahrt statt des Kohlkopfes auch der Wolf übergesetzt werden, und bei der dritten Hinfahrt dann umgekehrt.

Diese schon aus dem Alterthum stammende Aufgabe wurde von Gaspar Bachet, Sieur de Méziriac, einem im Anfang des 17. Jahrhunderts lebenden Mathematiker, wieder an das Tageslicht gezogen und durch verschiedene ähnliche Aufgaben ergänzt, die sich auch auf eine Ueberfahrt unter erschwerenden Bedingungen beziehen, und die vermuthlich auch aus älterer Zeit stammen.

Die leichteste von diesen Aufgaben ist folgende: „Eine Corporalschaft Soldaten soll einen Fluss überschreiten. Eine Brücke ist nicht vorhanden und Schwimmen ist zu gefährlich. Nur ein kleines Boot ist vorhanden, in welchem zwei Knaben sich belustigen. Dieses Boot kann wohl die beiden Knaben tragen, ist aber nicht im Stande, mehr als einen Soldaten zu tragen. Wie ist die Ueberfahrt zu bewerkstelligen?“ Die Lösung ist folgende: Zuerst fahren die beiden Knaben über, der eine bleibt auf dem zweiten Ufer und der andere fährt zum ersten Ufer zurück. Darauf fährt ein Soldat über und der auf dem zweiten Ufer zurückgebliebene Knabe fährt das Boot zurück. So gelingt es, durch zwei Hin- und Rückfahrten einen einzigen Soldaten überzusetzen. Dasselbe Manöver ist nun für jeden Soldaten der Corporalschaft zu wiederholen. Es sind also doppelt so viel Hinfahrten erforderlich, wie Soldaten überzusetzen waren.

Schwerer schon ist das Problem „der drei Herren und der drei Sclaven“, das folgendermaassen lautet: „Ueber einen Fluss haben sich drei Herren und drei Sclaven in einem Boote überzusetzen, das keinen Fährmann hat und in dem nur für zwei Personen Platz ist. Da aber zu befürchten steht, dass die Sclaven jeden Moment, wo sie in grösserer Anzahl als die Herren zusammen sind, benutzen, um ihre Herren zu erschlagen, so dürfen weder am ersten noch am zweiten Ufer jemals mehr Sclaven als Herren da sein. Wie ist die Ueberfahrt einzurichten?" Dieses Problem lässt sich auf folgende Weise lösen:

1) Zwei Sclaven fahren über und einer von ihnen zurück.
2) Der zurückgekehrte Sclave fährt mit dem dritten Sclaven an das jenseitige Ufer und einer von ihnen kehrt zum ersten Ufer zurück.
3) Zwei Herren fahren über und einer von ihnen fährt zusammen mit einem Sclaven zurück.
4) Der zurückgekehrte Herr fährt mit dem dritten Herrn über, worauf der schon am zweiten Ufer befindliche Sclave zurückfährt.
5) Zwei von den drei nunmehr wieder am ersten Ufer befindlichen Sclaven fahren über und ein Sclave zurück.
6) Dieser Sclave fährt mit dem dritten Sclaven über.

Es sind hiernach 6 Hinfahrten und 5 Rückfahrten erforderlich. In weniger Fahrten ist der Transport nicht möglich, wohl aber in mannichfacher Weise in mehr Fahrten. Auch ist die angegebene Lösung, abgesehen von unwesentlichen Varianten, die einzige Lösung für die Minimalzahl der Fahrten. Der besseren Uebersicht wegen stellen wir die Anzahl der nach jeder Ueberfahrt am zweiten Ufer befindlichen Herren und Sclaven zusammen, indem wir Herren durch „H", Sclaven durch „S" abkürzen:

1) 2 S. 2) 3 S. 3) 2 H, 2 S. 4) 3 H, 1 S. 5) 3 H, 2 S. 6) 3 H, 3 S.

Eine amüsante Modification dieser Aufgabe, welche die Schwierigkeit derselben nur scheinbar erhöht, ist das „Problem der drei eifersüchtigen Ehepaare". Dasselbe findet sich schon bei dem in der Mitte des 16. Jahrhunderts lebenden italienischen Mathematiker Tartalea, demselben, der bei der Lösung der kubischen Gleichungen und der Aufstellung der nach Cardano genannten

Formel berühmt geworden ist. Das Problem der drei eifersüchtigen Ehepaare lässt sich etwa so aussprechen:

„Drei Ehepaare haben sich über einen Fluss vermittelst eines Bootes überzusetzen, das keinen Fährmann hat und nur für zwei Personen Platz hat. Auch die Damen können sowohl allein überfahren, wie auch allein auf einem Ufer bleiben. Die Eifersucht treibt aber zu dem Abkommen, dass weder auf dem ersten, noch auf dem zweiten Ufer, geschweige denn im Boote, eine Frau sich in der Gesellschaft eines oder zweier Männer befinden darf, wenn ihr eigener Gatte nicht gleichfalls anwesend ist. Ja, die Eifersucht geht so weit, dass eine Frau ohne ihren Gatten auch nicht einmal mit einem Ehepaare zusammen sein darf, so dass also auch niemals mehr Frauen als Männer zusammen sein können. Wie ist die Ueberfahrt zu bewerkstelligen?"

Um empirisch auf die Lösung zu kommen, benutze man aus einem Kartenspiel von Pique, Treff, Coeur den König und die Dame und betrachte immer König und Dame derselben Kartengattung als ein Ehepaar. Nach manchen Mühen wird der geduldige Leser dann folgende Lösung finden:

1) Zwei Frauen fahren über.
2) Eine Frau fährt zurück und holt die dritte.
3) Eine von den drei nunmehr am jenseitigen Ufer befindlichen Frauen fährt zurück und bleibt mit ihrem Gatten am diesseitigen Ufer, während die beiden andern Männer überfahren und am andern Ufer ihre Frauen treffen.
4) Ein Ehepaar fährt zurück, von dem die Gattin am diesseitigen Ufer bleibt, während der Gatte mit dem noch diesseits befindlichen Manne überfährt.
5) Die schon am jenseitigen Ufer befindliche Frau fährt zurück und holt die eine von den beiden noch am diesseitigen Ufer befindlichen Frauen.
6) Von einer der beiden schon jenseits befindlichen Frauen wird die dritte hinübergeholt.

In weniger als 6 Hinfahrten und 5 Rückfahrten ist die Ueberfahrt nicht möglich zu machen. Die angegebene Lösung, die derjenigen der vorigen Aufgabe ganz analog ist, lässt sich, wenn man die drei Gatten mit A, B, C und ihre Gattinnen beziehungsweise mit a, b, c bezeichnet, und wenn man immer nur die nach jeder Ueberfahrt am jenseitigen Ufer vorhandenen Personen angiebt, in folgender Weise übersichtlich darstellen:

1) a, b. 2) a, b, c. 3) a, b, A, B. 4) a, A, B, C. 5) a, b, A, B, C. 6) a, b, c, A, B, C.

Die vorstehende Lösung dieser alten Aufgabe ist uns auch durch lateinische Verse überliefert, welche folgendermaassen lauten:

> It duplex mulier, redit una, vehitque manentem;
> Itque una, utuntur tunc duo puppe viri.
> Par vadit et redeunt bini; mulierque sororem
> Advehit; ad propriam sine maritis abit.

Von den beiden Erweiterungen, welche dieses Problem erfahren hat, ist die leichter lösbare diejenige, in welcher $n$ statt 3 Ehepaare überzusetzen sind und zugleich das Boot $n - 1$ Personen fasst. Bemerkenswerth ist, dass für $n = 4$ fünf Hinfahrten und vier Rückfahrten, für $n > 4$ nur vier Hinfahrten und drei Rückfahrten erforderlich sind. Wir überlassen dem Leser die Behandlung der 4 eifersüchtigen Ehepaare und geben hier nur die Lösung des Falls $n = 5$, bei welchem also zu beachten ist, dass das Boot vier Personen fasst:

1) Zuerst setzen vier Frauen über.
2) Eine Frau kehrt zurück, um die fünfte zu holen.
3) Eine Frau kehrt nochmals zurück, bleibt am diesseitigen Ufer mit ihrem Gatten, während die übrigen vier Männer übersetzen.
4) Ein Ehepaar kehrt zurück und holt das noch am diesseitigen Ufer befindliche Ehepaar.

Die zweite Erweiterung des Problems hält daran fest, dass das Boot nur zwei Personen fasst, und verlangt die Ueberführung von vier Ehepaaren. Bachet de Méziriac erkannte zuerst, dass das so erweiterte Problem in dieser Form unlösbar sei. Man erkennt dies leicht, wenn man folgendes bedenkt. Jede Hinfahrt und darauf folgende Rückfahrt kann die Anzahl der jenseits befindlichen Personen nur um eine einzige vermehren. Folglich muss es einmal vorkommen, dass am jenseitigen Ufer fünf Personen sind, falls das Problem überhaupt lösbar sein sollte. Unter diesen fünf Personen können höchstens zwei Frauen sein, da ja sonst die Frauen in der Majorität wären, was mit den Bedingungen des Problems nicht im Einklang stünde. Damit aber wäre unumstösslich verbunden, dass gleichzeitig am diesseitigen Ufer entweder zwei Frauen und ein Mann oder drei Frauen sein müssten. Ersteres ist unmöglich, weil mehr Frauen als Männer wären, was nicht gestattet ist. Aber auch das letztere ist unmöglich, weil, wenn zuletzt zwei Männer übergefahren wären, vorher auf dem diesseitigen Ufer zwei Männer und drei Frauen zusammen gewesen wären, was unstatthaft sein soll, und weil, wenn zuletzt ein Mann und eine Frau übergefahren wäre, ein Mann und vier Frauen vereint gewesen sein müssten, was ebenso wenig erlaubt sein soll. So lässt sich aber erkennen, dass die Ueberführung von vier Ehepaaren in einem Boote, das nur zwei Personen fasst, unter den angegebenen erschwerenden Bedingungen unmöglich ist. Wohl aber ist der Transport dann immer möglich, wenn man gestattet, dass auf einer inmitten des Flusses gelegenen Insel Aufenthalt genommen wird. Fügt man diese erleichternde Modification hinzu, so ist der Transport sogar von beliebig vielen Ehepaaren in einem nur zwei Personen fassenden Boote stets ausführbar, wenn man auch die erschwerende Bedingung hinzufügt, dass weder an einem Ufer, noch auf der Insel, noch im Boote eine Frau in der Gesellschaft eines oder mehrerer Männer sein darf, wenn ihr eigener Gatte nicht zugleich anwesend ist. Auf diese geistreiche Modification des alten Problems der eifersüchtigen Ehepaare machte Herr Cadet de Fontenay Herrn Lucas 1879 aufmerksam, und dieser behandelte dann das so abgeänderte Problem in seinen „Récréations“. Wenn man mit den grossen Buchstaben A, B, C, D die vier Ehemänner, und mit den kleinen Buchstaben a, b, c, d beziehungsweise ihre Gattinnen bezeichnet, so lässt sich für die Zeitpunkte, wo das Boot eben die Insel erreicht hat, die Lösung in folgender Weise übersichtlich darstellen:

| | Diesseits | Insel | Jenseits |
|---|---|---|---|
| 1) | A, B, C, D, c, d | a, b, | |
| 2) | A, B, C, D, d | a, b, c | |
| 3) | C, D, c, d | A, B, a, b | |
| 4) | C, D, c, d | A, B, b | a |
| 5) | C, D, c, d | B, b | A, a |
| 6) | B, C, D | b, c, d | A, a |
| 7) | D, d | B, C, b, c | A, a |
| 8) | D, d | a, b, c | A, B, C |
| 9) | D, d | C, c, | A, B, a, b |
| 10) | d | C, D, c | A, B, a, b |
| 11) | d | b, c | A, B, C, D, a |
| 12) | d | c | A, B, C, D, a, b |
| 13) | | c, d | A, B, C, D, a, b |
| 14) | | | A, B, C, D, a, b, c, d. |

## III. Die Spaziergänge der 15 Pensionats-Damen.

Die Aufgabe, die wir hier behandeln wollen, ist 1851 von Kirkmann gestellt, dann in englischen Zeitschriften, u. a. auch von Cayley und Sylvester, besprochen. Jüngst wurde sie dem Verfasser von einem Journalisten in folgender Form vorgelegt:

„In einem Pensionate sind 15 junge Damen zusammen, welche an jedem der 7 Tage der Woche in 5 Reihen zu je dreien spazieren gehen müssen. Wie ist die Vertheilung vorzunehmen, damit jede Dame mit jeder andern einmal zusammen in derselben Reihe geht?"

In einem etwas männlicheren Kleide erscheint das Problem, wenn man es so ausspricht: „Ein Scatclub, der aus 15 Mitgliedern besteht, veranstaltet ein Tournier in der Weise, dass sieben Mal an je 5 Tischen alle Mitglieder spielen müssen. Wie ist es einzurichten, dass jedes Mitglied jedes andere einmal zum Spielgenossen hat?"

Da die Lösung dieses Problems schwerer ist, als es

den Anschein hat oder wenigstens einen grossen Aufwand von Geduld erfordert, so wollen wir zunächst einige leichter zu lösende Aufgaben besprechen, die mit der oben gestellten verwandt sind, und aus ihr hervorgehen, wenn man die Zahlen 3 und 5 durch andere Zahlen ersetzt. Der einfachste Fall ist der, dass dafür die Zahlen 2 und 2 eintreten. Es handelt sich also dann darum, dass 4 Personen in zwei Reihen zu je zweien zusammengehen, und jede mit jeder andern einmal in derselben Reihe geht. Den 7 Tagen der Pensionats-Aufgabe entsprechen hier 3 Tage. Denn jede der 4 Personen muss mit drei andern zusammenkommen, geht aber an jedem Tage nur mit einer andern zusammen, woraus hervorgeht, dass 3 Tage erforderlich sind. Wenn man die Personen durch die Zahlen von 1 an bezeichnet und immer zwei in derselben Reihe gehende Personen durch neben einander stehende Zahlen bezeichnet, so lässt sich die Lösung für 2 Reihen zu je Zweien in folgender Weise darstellen:

| I | II | III |
|---|---|---|
| 1 2 | 1 3 | 1 4 |
| 3 4 | 2 4 | 2 3 |

Halten wir zunächst daran fest, dass in jeder Reihe nur zwei Personen gehen sollen, so ergiebt sich als nächst einfaches Problem das Zusammengehen von 6 Personen in drei Reihen zu je Zweien, also an fünf Tagen. Man erhält sehr leicht:

| I | II | III | IV | V |
|---|---|---|---|---|
| 1 2 | 1 3 | 1 4 | 1 5 | 1 6 |
| 3 4 | 2 6 | 2 5 | 2 3 | 2 4 |
| 5 6 | 4 5 | 3 6 | 4 6 | 3 5 |

Auch für 8 Personen in vier Reihen zu je Zweien an sieben Tagen wird jeder Leser bei einiger Aufmerksamkeit die Lösung finden. Sie lautet:

| I | II | III | IV | V | VI | VII |
|---|---|---|---|---|---|---|
| 1 2 | 1 3 | 1 4 | 1 5 | 1 6 | 1 7 | 1 8 |
| 3 4 | 2 4 | 2 3 | 2 6 | 2 5 | 2 8 | 2 7 |
| 5 6 | 5 7 | 5 8 | 3 7 | 3 8 | 3 5 | 3 6 |
| 7 8 | 6 8 | 6 7 | 4 8 | 4 7 | 4 6 | 4 5 |

Wir verlassen jetzt die leichter lösbaren Fälle, bei denen verlangt wird, dass immer nur zwei Personen zusammengehen, und gehen zu den Fällen über, welche sich auf Reihen zu je drei Personen beziehen. Hier bietet sich zunächst der Fall dar, wo drei mal drei Personen auf vier Male zu verteilen sind. Mit andern Worten, 9 Scatspieler sollen an drei Tischen vier Abende hindurch spielen. Wie müssen sie sich zusammensetzen, wenn jeder mit jedem andern einmal zusammengespielt haben soll? Es ergiebt sich sehr leicht die folgende Vertheilung:

| I | II | III | IV |
|---|---|---|---|
| 1 2 3 | 1 4 7 | 1 5 9 | 1 6 8 |
| 4 5 6 | 2 5 8 | 2 6 7 | 2 4 9 |
| 7 8 9 | 3 6 9 | 3 4 8 | 3 5 7 |

Der nächste sich darbietende Fall verlangt das Zusammensein von 5 Reihen zu je Dreien, oder was dasselbe ist, von 5 Scattischen mit je 3 Spielern. Denn der Fall „4 Tische mit je Dreien" fällt aus, weil jeder dann im ganzen mit elf Personen, an jedem Abend aber mit zwei Personen zusammenspielen müsste, was, da 2 in 11 nicht aufgeht, unmöglich ist.

Bei 5 Tischen mit je 3 Spielern, oder was auf dasselbe hinauskommt, bei 15 Pensionats-Damen, die in 5 Reihen zu je Dreien spazieren gehen sollen, ergeben sich (14 dividiert durch 2) 7 Tage. Die Vertheilung ist hier sehr viel schwerer, als in den früheren Aufgaben, und mancher Leser wird, trotz aller Geduld und trotz aller Mühen, keine Lösung selbstständig finden können. Bei ordnungsmässigem Probieren wird man zwar bald die ersten 4 oder 5 Tage erledigen können, dann aber wird man finden, dass nun eine richtige Zusammenstellung für den sechsten und siebenten Tag nicht mehr möglich ist, und die Nothwendigkeit erkennen, wieder von vorn anzufangen. Die nachfolgende Lösung wurde dem Verfasser von dem jüngst verstorbenen Hamburger Mathematiker Wilhelm Lazarus mitgetheilt. Eine andere Lösung gab Frost im Quaterly-Journal (Cambridge 1870).

Vertheilung von 15 Scatspielern auf 5 Tische und 7 Abende, sodass jeder jeden andern einmal zum Spielgenossen hat.

| I | II | III | IV |
|---|---|---|---|
| 1 2 3 | 1 4 7 | 1 10 13 | 1 5 14 |
| 4 5 6 | 2 12 14 | 2 5 9 | 2 8 11 |
| 7 8 9 | 3 11 15 | 3 6 8 | 3 7 10 |
| 10 11 12 | 5 8 13 | 4 11 14 | 4 9 15 |
| 13 14 15 | 6 9 10 | 7 12 15 | 6 12 13 |

| V | VI | VII |
|---|---|---|
| 1 9 12 | 1 6 11 | 1 8 15 |
| 2 6 15 | 2 7 13 | 2 4 10 |
| 3 4 13 | 3 9 14 | 3 5 12 |
| 5 7 11 | 4 8 12 | 6 7 14 |
| 8 10 14 | 5 10 15 | 9 11 13 |

Dieses ist eine von vielen Lösungen, die existieren werden. Es ist gewiss eine sehr schwere Aufgabe, die Anzahl aller wesentlich verschiedenen Lösungen mit derselben Bestimmtheit zu finden, wie dies beim Problem der 8 Königinnen (siehe I) gelang.

Die Fälle, welche sich auf 7 oder noch mehr Reihen zu je Dreien beziehen, sind bisher wohl überhaupt noch nicht in Angriff genommen. Wohl aber erkennt man bald, dass die Fälle, wo $n$ Reihen, und auch $n$ Personen in jeder Reihe verlangt werden, sich methodisch behandeln und deshalb leicht lösen lassen, nur muss $n$ eine Primzahl sein. Ist $n = 2$ oder $= 3$, so sind die Lösungen fast selbstverständlich und auch oben schon mitgetheilt. Bei $n = 4$ ist die Aufgabe unlösbar, wie man durch Probieren leicht erkennt. Bei $n = 5$ aber lässt sich eine Lösung in folgender Weise methodisch erkennen. Für den ersten Tag kann man die Zahlen in natürlicher Reihenfolge schreiben, also:

| I |
|---|
| 1 2 3 4 5 |
| 6 7 8 9 10 |
| 11 12 13 14 15 |
| 16 17 18 19 20 |
| 21 22 23 24 25 |

Da nun die Zahlen 1 bis 5 schon in derselben Reihe zusammengewesen sind, so müssen sie an jedem andern Tage in verschiedenen Reihen stehen, also etwa untereinander geschrieben werden. Ebenso ist es mit den Zahlen von 6 bis 10 u. s. w. Wenn man daher die Zahlen in jeder Reihe nach der Grösse ordnet, so muss an allen Tagen die erste Verticalreihe die Zahlen von 1 bis 5, die zweite die von 6 bis 10 u. s. w. enthalten. Man wird daher für den zweiten Tag die Zahlen wieder in natürlicher Reihenfolge, aber vertical schreiben, nämlich so:

II

| | | | | |
|---|---|---|---|---|
| 1 | 6 | 11 | 16 | 21 |
| 2 | 7 | 12 | 17 | 22 |
| 3 | 8 | 13 | 18 | 23 |
| 4 | 9 | 14 | 19 | 24 |
| 5 | 10 | 15 | 20 | 25 |

Für jeden folgenden Tag können nun die Zahlen von 1 bis 5 wieder dieselben Plätze einnehmen. Was die zweite Verticalreihe angeht, so muss für die vier noch fehlenden Tage jede der Zahlen von 6 bis 10, aber mit Ausschluss der 6, neben 1 stehen. Wir setzen daher der Reihe nach für den dritten bis sechsten Tag die Zahlen 7 bis 10 neben 1. Wenn wir dann immer in natürlicher Reihenfolge nach unten weiterschreiben, so kommt auch jede der Zahlen von 6 bis 10 gerade einmal mit jeder der Zahlen von 1 bis 5 zusammen. In die dritte Verticalreihe des dritten Tages darf nun oben jede der Zahlen von 11 bis 15, aber mit Ausschluss der 11 und 12, stehen. Wir setzen daher 13 oben hin und schreiben vertical nach unten in natürlicher Reihenfolge, auf 15 wieder 11 folgen lassend. So fortfahrend, erkennt man, dass die erste Horizontalreihe des dritten Tages mit der Diagonalreihe des zweiten Tages übereinstimmen muss, woraus sich dann die Gruppierung am dritten Tage leicht ergiebt. In derselben Weise lässt sich die Vertheilung am vierten Tage aus der am dritten Tage ableiten, u. s. w. So erhält man für den dritten bis sechsten Tag:

| III | IV | V | VI |
|---|---|---|---|
| 1 7 13 19 25 | 1 8 15 17 24 | 1 9 12 20 23 | 1 10 14 18 22 |
| 2 8 14 20 21 | 2 9 11 18 25 | 2 10 13 16 24 | 2 6 15 19 23 |
| 3 9 15 16 22 | 3 10 12 19 21 | 3 6 14 17 25 | 3 7 11 20 24 |
| 4 10 11 17 23 | 4 6 13 20 22 | 4 7 15 18 21 | 4 8 12 16 25 |
| 5 6 12 18 24 | 5 7 14 16 23 | 5 8 11 19 22 | 5 9 13 17 21 |

In der That kommt nun in den 6 Zusammenstellungen jede Zahl mit jeder andern einmal zusammen in derselben Horizontalreihe vor. Der mathematisch gebildete Leser wird auch den inneren Grund dafür erkennen, dass die befolgte Methode jede Zahl jeder andern einmal zuordnen muss. Der Grund besteht darin, dass fünf eine Primzahl ist. Dieselbe Methode führt daher nicht bei $n = 4$ und $= 6$, wohl aber bei $n = 7$ zum Ziel. Es bietet gar keine Schwierigkeit, die bei $n = 7$ resultierenden 8 (nämlich: 48 dividiert durch 6) Gruppierungen nach der obigen Methode hinzuschreiben.

## IV. Der Rösselsprung.

Die unter den Namen „Rösselsprung“ in den Unterhaltungs-Zeitschriften, wie z. B. „Ueber Land und Meer,“ vorgelegten Aufgaben verlangen vom Leser, 64 Silben, die in die 64 Felder einer Schachbrett-Figur eingeschrieben sind, derartig zusammenzustellen, dass erstens je zwei Silben, die der Leser aufeinander folgen lässt, auf dem Schachbrett in zwei Feldern stehen, zwischen denen beim Schachspiel der Springer springen darf, und dass zweitens die nach diesem Princip vom Leser gefundene Silben-Folge einen Sinn giebt, gewöhnlich sogar eine kleine Vers-Strophe mit Reimen liefert. Ehe wir auf diese Aufgaben und die noch schwereren umgekehrten Aufgaben, die darin bestehen, richtige Rösselsprünge zu schaffen, näher eingehen, müssen wir, zur Verdeutlichung der folgenden Erörterungen, einige Erklärungen voranschicken.

Der Uebergang von jedem der 64 Felder des Schachbretts (Damenbretts) nach einem rechts oder links, oben oder unten benachbarten Felde heisse ein „Schritt.“ Von jedem der vier Eckfelder kann man daher nur zwei

Schritte und von jedem der 24 Randfelder, die nicht Eckfelder sind, nur drei Schritte machen, während von jedem der 36 nicht am Rande liegenden Felder vier Schritte möglich sind. Ein Schritt nach rechts oder links heisse „horizontal,“ ein Schritt nach oben oder unten „vertikal.“ Die Regel, nach welcher sich beim Schachspiel der Springer zwischen zwei Feldern bewegen darf, kann hiernach kurz so ausgesprochen werden: „Er springt immer zugleich einen Schritt horizontal und zwei Schritte vertikal oder umgekehrt.“ Von zwei Feldern, zwischen denen der Springer sich in dieser Weise bewegen darf, oder, was dasselbe ist, die so liegen, dass sie um einen horizontalen und zwei vertikale Schritte oder umgekehrt von einander abstehen, wollen wir sagen, dass sie „sich rösseln.“ Die Bewegung zwischen zwei sich rösselnden Feldern heisse ein „Sprung.“ Jedes der 4 Eckfelder des Schachbretts rösselt nur 2 Felder, jedes der 16 die Mitte des Schachbretts umgebenden Felder rösselt 8 Felder, jedes der übrigen Felder rösselt mehr als zwei und weniger als acht Felder. In der beistehenden Figur ist jedem Felde die Zahl der es rösselnden Felder eingeschrieben, oder, was dasselbe ist, die Zahl der Ausgänge, die der Springer des Schachspiels von ihm aus haben kann:

| | | | | | | | |
|---|---|---|---|---|---|---|---|
| 2 | 3 | 4 | 4 | 4 | 4 | 3 | 2 |
| 3 | 4 | 6 | 6 | 6 | 6 | 4 | 3 |
| 4 | 6 | 8 | 8 | 8 | 8 | 6 | 4 |
| 4 | 6 | 8 | 8 | 8 | 8 | 6 | 4 |
| 4 | 6 | 8 | 8 | 8 | 8 | 6 | 4 |
| 4 | 6 | 8 | 8 | 8 | 8 | 6 | 4 |
| 3 | 4 | 6 | 6 | 6 | 6 | 4 | 3 |
| 2 | 3 | 4 | 4 | 4 | 4 | 3 | 2 |

Das Euler'sche Rösselsprung-Problem besteht nun in der Aufgabe, in die 64 Felder des Schachbretts die 64 Zahlen von 1 bis 64 derartig einzuschreiben, dass zwei Felder, die aufeinanderfolgende Zahlen enthalten, sich rösseln. Ersetzt man dann noch die Zahlen von 1 bis 64 durch 64 Silben, die in ihrem Zusammenhange einen Sinn geben, so entsteht die Aufgabe, nun umgekehrt die 64 Silben so abzulesen, dass sie den gewünschten Sinn liefern, wobei der Löser einer solchen Aufgabe in fortwährendem Zweifel ist, welchen der verschiedenen noch möglichen Sprünge er von dem zuletzt betretenen Felde zu machen hat, ein Zweifel, der zu Anfang und bei den 16 Mittelfeldern, deren jedes ja acht Felder rösselt, am meisten Verlegenheit bereitet. Trotzdem jeder Leser derartige Rösselsprung-Aufgaben, wie sie in Journalen, ja auch Zeitungen, seit mehreren Jahrzehnten gestellt werden, schon gelöst haben wird, soll doch noch eine solche Aufgabe hier Platz finden, die der Leser sofort lösen wird, wenn er die Silben „rit," „knapp", „tau", „schlund" liest, und die Schiller'schen Balladen noch nicht ganz vergessen hat.

| | | | | | | | |
|---|---|---|---|---|---|---|---|
| es | nen | cher | schlun | sein | schon | den | die |
| ab | wie | wagt | ei | be | sen | ist | hat |
| gold | rit | ver | kann | gen | ei | in | mir |
| der | hin | nen | wer | schlund | wer | ihn | er |
| be | an | ters | mag | der | ten | gen | chen |
| mann | zei | ich | lers | zu | fängt | mund | hal |
| cher | cher | er | der | ihn | schwar | tau | so |
| gen | o | tau | werf | schil | knapp | be | ze |

Schreibt man statt der aufeinanderfolgenden Silben die Zahlen von 1 bis 64 in die Felder dieses Rösselsprungs ein, so erhält man die folgende Lösung des ursprünglichen Euler'schen Rösselsprung-Problems:

| 3 | 18 | 41 | 28 | 55 | 30 | 39 | 14 |
|---|---|---|---|---|---|---|---|
| 26 | 43 | 2 | 17 | 40 | 15 | 54 | 31 |
| 19 | 4 | 27 | 42 | 29 | 56 | 13 | 38 |
| 44 | 25 | 20 | 1 | 16 | 37 | 32 | 53 |
| 21 | 64 | 5 | 48 | 33 | 52 | 57 | 12 |
| 6 | 45 | 24 | 61 | 10 | 59 | 36 | 51 |
| 63 | 22 | 47 | 8 | 49 | 34 | 11 | 58 |
| 46 | 7 | 62 | 23 | 60 | 9 | 50 | 35 |

Die Journale geben die Lösung gewöhnlich nicht in dieser Zahl-Form, sondern graphisch durch die Verbindungsstrecken der Mittelpunkte der aufeinanderfolgenden sich rösselnden Felder. Wiewohl die Lösung solcher Silben-Rösselsprünge schon einige Geduld erfordert, so ist doch ungleich mehr Geduld dazu nöthig, auch nur einen richtigen Rösselsprung zu formiren. Wenn man nämlich von einem beliebigen Anfangsfelde aus die Zahlen von 1 an nach der Regel des Springerzuges in die Felder einzuschreiben beginnt, so wird man bald finden, dass gewisse Felder leer bleiben, zu denen man nie gelangen kann, weil die Felder, von denen aus sie erreichbar sind, schon besetzt sind. Man wird dann anfangen zu ändern; aber — o Schrecken — dann bleiben wieder andere und vielleicht noch mehr Felder leer; und so wird man, wenn man nicht sehr viel Geduld hat, bald das Probiren aufgeben und sich damit trösten, dass das Bilden von Rösselsprüngen ja zu den brotlosen Künsten gehört. Ehe wir nun zu den älteren und neuesten Methoden übergehen, durch welche man immer auf richtige Rösselsprünge geführt wird, wollen wir zuvor einen Blick auf die Geschichte des Problems werfen.

In der Litteratur kommt das Problem, die 64 Felder durch die Zahlen von 1 bis 64 nach der Regel des

Springerzuges zu besetzen, zuerst im Jahre 1759 vor, und zwar im 15. Bande der Memoiren der Berliner Academie. Dort erzählt der berühmte Mathematiker Leonhard Euler, dass die Aufgabe in einer Gesellschaft von Jemand vorgetragen sei, dem es zugleich gelang, von jedem verlangten Anfangsfelde aus das Problem richtig zu lösen. Euler fasste das Problem vom Standpunkte des Mathematikers auf, correspondirte darüber mit Bertrand in Genf, und veröffentlichte in der citirten Abhandlung Methoden, durch welche man aus jedem durch leer gebliebene Felder misslungenen Versuche allmählich zu einer richtigen Lösung gelangen muss. Ferner fügte Euler dann erschwerende Bedingungen hinzu, wie z. B. die ist, dass erst die 32 die Hälfte des Schachbretts bildenden Felder sämmtlich besetzt sein müssen, ehe man zur andern Hälfte übergehen darf. In derselben Richtung wie Euler arbeitete an dem Probleme auch Vandermonde, Mitglied des französischen National-Instituts, dessen Abhandlung, welche die Aufgabe als eine der Geometrie der Lage betrachtete, in den Mémoires de Paris 1771 erschien. Im Jahre 1773 gab Herr Colini in Mannheim in einer besonderen Schrift eine Methode, welche zwar nur zu einem kleinen Theile der vielen Lösungen des Problems, zu diesen aber mit Sicherheit führt. Diesen älteren Methoden stehen die einiger neueren französischen Gelehrten gegenüber, welche von vornherein Princip in den Lauf des Springers bringen, während die Methoden Euler's und Vandermonde's im Wesentlichen nur darauf hinzielten, einen willkürlich angefangenen Springerlauf schliesslich so zu corrigiren, dass ein richtiger Rösselsprung entsteht. Diese französischen Gelehrten sind namentlich die Herren Polignac und Laquière. Polignac veröffentlichte seine Rösselsprung-Untersuchungen theils in den Berichten der Pariser Academie vom April 1861, theils im Jahrgang 1880 des „Bulletin de la Société Mathématique de France." Der eben genannte Jahrgang des „Bulletin" enthält auch die inhaltreiche Abhandlung von Laquière über das Rösselsprung-Problem. Ehe wir zu diesen neueren Methoden übergehen, besprechen wir die Methode Eulers und Vandermonde's.

Zuerst macht Euler darauf aufmerksam, dass, wenn der Aufgabe, die 64 Felder des Schachbretts nacheinander vom Springer durchlaufen zu lassen, auf irgend eine Weise genügt ist, sich sehr mannichfache Aenderungen des Ganges daraus ableiten lassen. Namentlich lässt sich von einem Felde an, aus dem der Springer in das letzte Feld gelangen kann, die Reihenfolge der Felder umkehren. Nehmen wir beispielsweise den folgenden Rösselsprung:

| | | | | | | | |
|---|---|---|---|---|---|---|---|
| 34 | 21 | 52 | 9 | 36 | 19 | 54 | 7 |
| 51 | 10 | 35 | 20 | 53 | 8 | 37 | 18 |
| 22 | 33 | 12 | 61 | 28 | 45 | 6 | 55 |
| 11 | 50 | 29 | 44 | 13 | 62 | 17 | 38 |
| 32 | 23 | 60 | 63 | 46 | 27 | 56 | 5 |
| 49 | 64 | 43 | 30 | 59 | 14 | 39 | 16 |
| 24 | 31 | 2 | 47 | 26 | 41 | 4 | 57 |
| 1 | 48 | 25 | 42 | 3 | 58 | 15 | 40 |

Da hier das mit 11 besetzte Feld das Schluss-Feld 64 rösselt, so erhält man aus diesem Rösselsprung einen neuen, wenn man die Zahlen 1 bis 11 in ihren Feldern stehen lässt, dann aber die Zahl 64 durch 12, 63 durch 13, 62 durch 14 u. s. w. ersetzt, so dass schliesslich aus dem ursprünglich mit 12 bezeichneten Felde das die Zahl 64 aufnehmende Schlussfeld wird. Da in dem ursprünglichen Quadrate auch das Feld 47 sich mit dem Felde 64 rösselt, so erhält man aus dem anfänglichen Rösselsprung einen zweiten abgeleiteten, wenn man die Zahlen 1 bis 47 in ihren Feldern stehen lässt, dann aber die Zahlen 48 bis 64 beziehungsweise durch die Zahlen 64 bis 48 ersetzt. Dieses Verfahren lässt sich dadurch beliebig fortsetzen, dass man irgend ein das neu gewonnene Schlussfeld rösselnde Feld gerade so behandelt, wie oben die Felder 11 oder 47 behandelt wurden. Ja, es lässt sich sogar auf solche Weise erzielen, dass irgend ein gewünschtes Feld Schlussfeld wird. Um dies deutlich erkennen zu lassen, wollen wir jedes der 64 Felder des Schachbretts kurz mit derjenigen Zahl bezeichnen, die in unserer anfänglichen Figur hineingesetzt ist. Dann lässt sich der erste von den beiden abgeleiteten Rösselsprüngen kurz so bezeichnen:

1 bis 11, 64 bis 12.

Da das neue Schlussfeld 12 das Feld 53 rösselt, so folgt hieraus wieder der Rösselsprung:

1 bis 11, 64 bis 53, 12 bis 52.

Hieraus entsteht, weil das Feld 52 das Feld 33 rösselt:

1 bis 11, 64 bis 53, 12 bis 33, 52 bis 34

u. s. w.

Um nun z. B. das mit 40 bezeichnete Feld rechts unten zum Schlussfeld zu machen, beachte man die Springerzug-Folge

64 — 29 — 30 — 41 — 40,

und gestalte, dem entsprechend, den ursprünglichen Rösselsprung auf folgende Weise um:

1) 1 bis 29, 64 bis 30,

2) 1 bis 29, 64 bis 41, 30 bis 40,

wodurch die gestellte Bedingung, dass das mit 40 besetzte Feld Schlussfeld werden soll, auf kürzeste Weise erfüllt ist. Man übersieht leicht, dass man sogar auf äusserst mannigfaltige Weise einen vorliegenden Rösselsprung in einen andern mit vorgeschriebenem Schlussfeld verwandeln kann, und ferner, dass man auf eben solche Weise auch jedes Feld zum Anfangsfeld machen kann, weil man bei der vorherigen Betrachtung jeden Gang des Springers genau rückwärts lesen kann.

Die soeben erörterte Methode, einen Rösselsprung so umzuformen, dass ein beliebig vorgeschriebenes Feld Schlussfeld wird, bildet die Grundlage der Lösung der für die praktische Herstellung von Rösselsprüngen wichtigen Aufgabe, *eine durch den Springer erfolgte Felderbesetzung, die noch etliche nicht mehr erreichbare Felder leer gelassen hat, so zu verwandeln, dass die leeren Felder ausgefüllt werden und also ein richtiger Rösselsprung entsteht.* Um die Lösung dieser Aufgabe, die jeden Liebhaber von Rösselsprüngen interessiren wird, zu verdeutlichen, nehmen wir an, es sei Jemand gelungen, 62 Felder des Schachbretts nacheinander durch Springerzüge zu bedecken, es seien ihm aber dabei zwei Felder leer und unerreichbar geblieben. Die Anordnung, auf die er gestossen ist, sei die folgende, wobei die leer gebliebenen Felder mit den Buchstaben a und b besetzt sind:

| 7 | 18 | 47 | 30 | 5 | 16 | 45 | 28 |
|---|---|---|---|---|---|---|---|
| 48 | 31 | 6 | 17 | 46 | 29 | 4 | 15 |
| 19 | 8 | 49 | 52 | 39 | 60 | 27 | 44 |
| 32 | 53 | 40 | 59 | 42 | 51 | 14 | 3 |
| 9 | 20 | a! | 50 | 61 | 38 | 43 | 26 |
| 54 | 33 | 62 | 41 | 58 | 25 | 2 | 13 |
| 21 | 10 | 35 | 56 | 23 | 12 | 37 | b! |
| 34 | 55 | 22 | 11 | 36 | 57 | 24 | 1 |

Hier kann man nun die Folge der Felder von 1 bis 62, durch welche der Springer geführt ist, gerade so wie oben die Folge von 1 bis 64, in eine andere verwandeln, in welcher das letzte Feld ein vorgeschriebenes ist. Demgemäss verwandele man die Folge von 1 bis 62 in eine andere, in welcher das Schlussfeld ein Feld ist, das sich mit dem leer gebliebenen Felde a rösselt, wie es z. B. das hier von 10 besetzte Feld ist. Dadurch kommt die Zahl 62 auf das neu gewählte Schlussfeld, und es kann dann 63 auf das leer gebliebene Feld a geschrieben werden. Mit der erhaltenen Folge von 63 Feldern verfahre man auf dieselbe Weise, indem man sie in eine andere umwandelt, in welcher das letzte Feld einen Springer-Uebergang nach dem zweiten leer gebliebenen Felde b gestattet. Schreibt man dann 64 in das Feld b, so hat man einen richtigen Rösselsprung erhalten. Wären mehr als zwei Felder leer geblieben, so würde man dieses Verfahren so oft wiederholen, wie noch leere Felder da sind. Um nun die Verwandelung des obigen Rösselsprung-Versuchs in einen wirklichen Rösselsprung auszuführen, beachten wir, dass das leere Feld a vom Felde 10, 10 von

9, und 9 von dem vorläufigen Schlussfelde 62 gerösselt wird. Demgemäss bilden wir aus der Folge 1 bis 62 die neue Folge

1 bis 9, 62 bis 10,

der man das Feld a als 63tes Feld anschliessen kann. Um nun die erhaltene Folge von 63 Feldern in eine solche zu verwandeln, der sich das Feld b anhängen lässt, hat man, wenn möglich, ein von a und ein von b gerösseltes Feld derartig zu bestimmen, dass in den beiden bestimmten Feldern zwei aufeinanderfolgende Zahlen stehen. Zwei solcher Felder sind hier die von 58 und von 57 besetzten Felder. Dem entsprechend verwandeln wir die obige Folge in:

1 bis 9, 62 bis 58, a, 10 bis 57,

woran man nur noch das Feld b anzuschliessen hat, um einen richtigen Rösselsprung zu erhalten. Besetzt man in demselben die aufeinanderfolgenden Felder der Reihe nach mit den Zahlen von 1 bis 64, so erhält man den folgenden Rösselsprung, der nunmehr keine leeren Felder mehr hat:

| 7 | 24 | 53 | 36 | 5 | 22 | 51 | 34 |
|---|---|---|---|---|---|---|---|
| 54 | 37 | 6 | 23 | 52 | 35 | 4 | 21 |
| 25 | 8 | 55 | 58 | 45 | 12 | 33 | 50 |
| 38 | 59 | 46 | 13 | 48 | 57 | 20 | 3 |
| 9 | 26 | 15 | 56 | 11 | 44 | 49 | 32 |
| 60 | 39 | 10 | 47 | 14 | 31 | 2 | 19 |
| 27 | 16 | 41 | 62 | 29 | 18 | 43 | 64 |
| 40 | 61 | 28 | 17 | 42 | 62 | 30 | 1 |

In dem so gefundenen Rösselsprung stehen die Zahlen 1 und 64 in zwei Feldern, die sich nicht rösseln. Schon seit Euler bevorzugt man aber solche Rösselsprünge, bei denen das Schlussfeld wieder das Anfangsfeld rösselt. Derartige Rösselsprünge, die man „geschlossene" nennt, haben die Eigenthümlichkeit, dass jedes beliebige Feld als Anfangsfeld betrachtet werden kann, weil der Uebergang von dem mit 64 besetzten Felde zu dem mit 1 besetzten durch einen Springerzug möglich ist. Unsere oben besprochene Methode, einen richtigen Rösselsprung in einen neuen zu verwandeln, bei dem ein beliebig gewähltes Feld Schlussfeld wird, liefert auch die Umwandelung jedes ungeschlossenen Rösselsprungs in einen geschlossenen. Man hat nämlich nur ein das Anfangsfeld rösselndes Feld als Schlussfeld zu bestimmen und jene Methode anzuwenden. Um z. B. den zuletzt gefundenen Rösselsprung in einen geschlossenen zu verwandeln, hat man die hier mit

11 bis 17, 10 bis 1, 18 bis 31, 64 bis 57, 32 bis 45, 56 bis 46

besetzten Felder beziehungsweise mit den aufeinanderfolgenden Zahlen

1 bis 7, 8 bis 17, 18 bis 31, 32 bis 39, 40 bis 53, 54 bis 64

zu besetzen. Dadurch erhält man den folgenden, in sich zurücklaufenden und dadurch gewissermaassen 64fachen Rösselsprung:

| | | | | | | | |
|---|---|---|---|---|---|---|---|
| 48 | 27 | 36 | 9 | 46 | 25 | 56 | 11 |
| 35 | 6 | 47 | 26 | 37 | 10 | 45 | 24 |
| 28 | 49 | 8 | 5 | 64 | 55 | 12 | 57 |
| 7 | 34 | 63 | 54 | 3 | 38 | 23 | 44 |
| 50 | 29 | 4 | 1 | 62 | 53 | 58 | 13 |
| 33 | 18 | 31 | 52 | 39 | 2 | 43 | 22 |
| 30 | 51 | 16 | 61 | 20 | 41 | 14 | 59 |
| 17 | 32 | 19 | 40 | 15 | 60 | 21 | 42 |

Die Vermittelung zwischen den bis jetzt besprochenen Methoden Euler's und Vandermonde's und den neueren Methoden Polignac's und Laquière's bildet die Methode, welche Colini in einer besonderen Schrift, betitelt „Solution du problème du Cavalier au jeu des échecs“ (Mannheim, 1773), niedergelegt hat. Hiernach soll man sich das Schachbrett in zwei Gebiete getheilt denken, nämlich das Mittelquadrat, das aus den 16 symmetrisch um die Mitte gelagerten Feldern besteht, und den Rahmen, bestehend aus den übrigen 48 Feldern. Dann lautet die Regel Colini's folgendermaassen: „Man besetze erst 12 Felder des Rahmens so, dass man vom zwölften Felde in das Mittelquadrat springen kann. In diesem besetze man vier Felder, die entweder ein Quadrat oder einen Rhombus bilden. Darauf besetze man wieder 12 Felder des Rahmens, dann wieder 4 Felder des Mittelquadrats u. s. w.“ In der That erhält man auf solche Weise immer ohne Mühe oder Zweifel einen richtigen Rösselsprung, beispielsweise den folgenden:

| | | | | | | | |
|---|---|---|---|---|---|---|---|
| 40 | 23 | 52 | 7 | 38 | 21 | 50 | 5 |
| 53 | 8 | 39 | 22 | 51 | 6 | 37 | 20 |
| 24 | 41 | 14 | 47 | 30 | 61 | 4 | 49 |
| 9 | 54 | 31 | 62 | 15 | 48 | 19 | 36 |
| 42 | 25 | 46 | 13 | 64 | 29 | 60 | 3 |
| 55 | 10 | 63 | 32 | 45 | 16 | 35 | 18 |
| 26 | 43 | 12 | 57 | 28 | 33 | 2 | 59 |
| 11 | 56 | 27 | 44 | 1 | 58 | 17 | 34 |

Auch die modernen Forscher in der Rösselsprung-Theorie, die Herren Polignac und Laquière, betrachten Theil-Quadrate von je 16 Feldern, nehmen aber nicht das Mittelquadrat, wie Colini, sondern die 4 Theil-Quadrate, die entstehen, wenn man durch die Mitte des Schachbrettes zwei Parallelen zu den Rändern legt. Ein solches Theil-Quadrat liefert 4 geschlossene Springergänge von je 4 Feldern, wie die folgende Figur verdeutlicht:

| | | | |
|---|---|---|---|
| c | d | b | a |
| b | a | c | d |
| d | c | a | b |
| a | b | d | c |

Hier haben je vier mit demselben Buchstaben gefüllte Felder die Eigenschaft, dass der Springer dieselben so zu durchlaufen vermag, dass er vom vierten Felde wieder auf das erste zurückgelangen kann, und zwar kann dieses Durchlaufen immer in zwei verschiedenen Richtungen geschehen, nämlich entweder im Sinne der Drehung eines Uhrzeigers oder im entgegengesetzten Sinne. Einen solchen Springerlauf über vier Felder, die in einem Quadrate von 16 Feldern so liegen, wie in der obigen Figur die mit gleichen Buchstaben bezeichneten Felder, wollen wir kurz einen Viersprung nennen. Es giebt vier Arten von Viersprüngen, die wir nach den oben eingeschriebenen Buchstaben a, b, c, d unterscheiden. Man bemerke, dass jeder der beiden Viersprünge a und c die 4 Ecken eines Rhombus besetzt, während jeder der beiden Viersprünge b und d die 4 Ecken eines schräg liegenden Quadrats besetzt. Man bezeichne sich nun in den 4 Theil-Quadraten immer die 4 mal 4 Felder, welche 4 Viersprünge gleicher Art bilden. Dann erhält man im Ganzen 16 bezeichnete Felder, die der Springer immer auf mehrfache Art so durchwandern kann, dass er vom 16ten Felde auf das erste zurückzugelangen vermag. Jeden Springerlauf über 16 derartig zusammengehörige Felder wollen wir einen Sechszehn-Sprung nennen, und zwar vom Typus A, B, C oder D, je nachdem die vier besuchten Felder eines Theil-Quadrats dem Typus a, b, c oder d angehören. In der folgenden Figur liefern also die 16 mit a bezeichneten Felder Sechszehn-Sprünge vom Typus A. Ebenso geben die Felder b, c, d beziehungsweise Sechszehn-Sprünge von den Typen B, C, D.

| | | | | | | | |
|---|---|---|---|---|---|---|---|
| c | d | b | a | c | d | b | a |
| b | a | c | d | b | a | c | d |
| d | c | a | b | d | c | a | b |
| a | b | d | c | a | b | d | c |
| c | d | b | a | c | d | b | a |
| b | a | c | d | b | a | c | d |
| d | c | a | b | d | c | a | b |
| a | b | d | c | a | b | d | c |

Wenn man nun den Springer irgend einen Sechszehn-Sprung so machen lässt, dass derselbe nach Absolvirung desselben zu einem anderen Sechszehn-Sprung übergehen kann, so erhält man stets richtige geschlossene Rösselsprünge, die sich überdies durch eine gewisse Symmetrie und Regelmässigkeit auszeichnen, die sofort hervortritt, wenn man solche Rösselsprünge ebenso graphisch darstellt, wie dies die Unterhaltungs-Zeitschriften bei den Lösungen der von ihnen gestellten Rösselsprungs-Aufgaben thun. Als Beispiel diene der folgende Rösselsprung, bei welchem die Typen der vier aufeinanderfolgenden Sechszehn-Sprünge C, D, A, B sind:

| | | | | | | | |
|---|---|---|---|---|---|---|---|
| 2 | 19 | 64 | 47 | 6 | 21 | 50 | 35 |
| 63 | 46 | 3 | 20 | 49 | 34 | 7 | 22 |
| 18 | 1 | 48 | 61 | 24 | 5 | 36 | 51 |
| 45 | 62 | 17 | 4 | 33 | 52 | 23 | 8 |
| 16 | 31 | 60 | 41 | 12 | 25 | 54 | 37 |
| 59 | 44 | 13 | 32 | 53 | 40 | 9 | 26 |
| 30 | 15 | 42 | 57 | 28 | 11 | 38 | 55 |
| 43 | 58 | 29 | 14 | 39 | 56 | 27 | 10 |

Bei diesem Rösselsprung sind die 16 Felder jedes Sechszehn-Sprungs in solcher Reihenfolge durchschritten, dass immer erst die 4 Felder jedes Viersprungs nach einander besucht sind. Es ist dies jedoch durchaus nicht erforderlich, wie der folgende Rösselsprung zeigt, der auch die Typenfolge C D A B hat, bei dem aber in jedem der vier Sechszehn-Sprünge zunächst immer nur drei Felder jedes Theil-Quadrats besetzt und dann erst die ausgelassenen Felder absolvirt sind:

| | | | | | | | |
|---|---|---|---|---|---|---|---|
| 2 | 27 | 54 | 39 | 4 | 25 | 56 | 37 |
| 53 | 40 | 3 | 26 | 55 | 38 | 5 | 24 |
| 28 | 1 | 46 | 63 | 30 | 15 | 36 | 57 |
| 41 | 52 | 29 | 16 | 47 | 62 | 23 | 6 |
| 12 | 17 | 64 | 45 | 14 | 31 | 58 | 35 |
| 51 | 42 | 13 | 32 | 61 | 48 | 7 | 22 |
| 18 | 11 | 44 | 49 | 20 | 9 | 34 | 59 |
| 43 | 50 | 19 | 10 | 33 | 60 | 21 | 8 |

Es setzt sich dieser Rösselsprung also wohl aus 4 Sechszehn-Sprüngen, aber nicht aus 16 Vier-Sprüngen zusammen. Was aber die aus vollständig absolvirten Vier-

Sprüngen bestehenden Rösselsprünge anbetrifft, so lassen sich dieselben auf folgende Weise schematisch darstellen. Man hänge den Zeichen a, b, c, d für die vier Arten von Vier-Sprüngen die Zahlen 1, 2, 3, 4 als Indices an, je nachdem der Vier-Sprung in dem Theil-Quadrat oben links, oben rechts, unten rechts oder unten links gemeint ist. Dadurch lässt sich z. B. der erste von den beiden obigen Rösselsprüngen auf folgende Weise schematisch darstellen:

$$c_1\ c_2\ c_3\ c_4\ \ d_1\ d_2\ d_3\ d_4\ \ a_2\ a_3\ a_4\ a_1\ \ b_2\ b_3\ b_4\ b_1.$$

Hat man nun umgekehrt ein solches Schema und zugleich das Anfangsfeld, so ist der ganze Lauf des Rösselsprungs eindeutig bestimmt, weil die angehängten Indices angeben, in welches Theil-Quadrat man nach Absolvirung eines Vier-Sprungs gelangen muss und dadurch über die Reihenfolge der Besetzung der Felder eines Vier-Sprungs kein Zweifel entstehen kann. Ist nur das Schema, nicht aber das Anfangsfeld gegeben, so kann man zu zwei verschiedenen Rösselsprüngen gelangen. Vielleicht interessirt es den Leser, aus den folgenden Schemas die zugehörigen, aus Vier-Sprüngen bestehenden Rösselsprüngen selbst zu formiren, wobei man beachte, dass aus jedem Schema zwei folgen:

$$c_1\ c_4\ c_3\ c_2\ \ d_1\ d_4\ d_3\ d_2\ \ a_2\ a_1\ a_4\ a_3\ \ b_2\ b_1\ b_4\ b_3,$$
$$c_1\ c_4\ c_3\ c_2\ \ d_1\ d_4\ d_3\ d_2\ \ a_4\ a_3\ a_2\ a_1\ \ b_4\ b_3\ b_2\ b_1,$$
$$c_1\ c_2\ c_3\ c_4\ \ d_3\ d_2\ d_1\ d_4\ \ a_4\ a_3\ a_2\ a_1\ \ b_4\ b_1\ b_2\ b_3.$$

Wenn man die Reihenfolge der 16 Zeichen in jedem dieser drei Schemas unverändert lässt und nur den Anfang wechselt, also statt des ersten Schemas etwa

$$a_2\ a_1\ a_4\ a_3\ \ b_2\ b_1\ b_4\ b_3\ \ c_1\ c_4\ c_3\ c_2\ \ d_1\ d_4\ d_3\ d_2$$

schreibt, so erhält man Rösselsprünge, welche zu den 63 gehören, die aus dem geschlossenen Rösselsprunge des ursprünglichen Schema durch Wechsel des Anfangsfeldes abgeleitet werden können.

In den obigen Beispielen sind immer die vier Vier-Sprünge eines und desselben Typus nach einander wiederholt und dadurch Sechszehn-Sprünge gebildet. Man gelangt jedoch bei einiger Aufmerksamkeit auch dann leicht zu richtigen Rösselsprüngen, wenn man immer nach Absolvirung eines Vier-Sprungs zu einem neuen Vier-Sprung übergeht, unbekümmert, ob derselbe von gleichem oder von verschiedenem Typus ist. Bei dem folgenden Schema eines richtigen Rösselsprungs ist z. B. jeder Typus immer nur zweimal wiederholt:

$$a_4\ a_3\ b_2\ b_1\ c_3\ c_4\ d_3\ d_2\ a_2\ a_1\ b_4\ b_3\ c_1\ c_2\ d_1\ d_4.$$

Wenn man sich diesen Rösselsprung graphisch darstellt, erkennt man, dass derselbe centralsymmetrisch ist, indem die Verbindungslinie je zweier Felder, deren Zahlen sich um 32 unterscheiden, durch die Mitte des Schachbretts geht und von dieser halbirt wird.

Die auf solche Weise auffindbaren Rösselsprünge zeichnen sich zwar vor allen übrigen durch Symmetrie und Eleganz aus, sie bilden aber doch nur eine sehr kleine Gruppe in der Gesammtheit aller möglichen geschlossenen Rösselsprünge und können deshalb in keiner Weise einen Beitrag zur Lösung der Hauptfrage liefern, welche eine Bildungsmethode verlangt, die von vornherein zu allen möglichen Rösselsprüngen führt und dadurch auch eine Berechnung ihrer Anzahl gestattet. Wohl aber vermindern sich diese Schwierigkeiten, wenn man statt des Schachbretts mit seinen acht mal acht Feldern ein Quadrat oder Rechteck mit weniger Feldern zu Grunde legt. In dieser Forschungsrichtung ist am weitesten Herr Flye-Sainte-Marie gekommen, dem es gelungen ist, die soeben erwähnte Hauptfrage zunächst für die aus 4 mal 8 Feldern bestehende Hälfte des Schachbretts vollständig zu erledigen. Seine diesbezügliche Untersuchung ist im Aprilheft des Jahrgangs 1877 des Bulletin de la Société Mathématique de France niedergelegt. Er theilt zunächst die 32 Felder des halben Schachbretts in zwei Gruppen von je 16, wie die folgende Figur zeigt:

| a | | a | | a | | a | |
|---|---|---|---|---|---|---|---|
| i | | i | | i | | i | |
| | i | | i | | i | | i |
| | a | | a | | a | | a |

Die beschriebenen Felder bilden die eine Gruppe, die unbeschriebenen die andere Gruppe. Jede Gruppe hat 8 äussere und 8 innere Felder. In der obigen, aus besetzten Feldern bestehenden Gruppe sind die 8 äusseren Felder durch den Buchstaben a, die 8 inneren Felder durch den Buchstaben i bezeichnet. Es lässt sich nun streng beweisen, dass folgende Bedingungen unerlässlich sind, damit durch die 32 Felder ein richtiger Rösselsprung geführt werden kann:

1. Es ist nothwendig, dass die 16 Felder jeder Gruppe nach einander durchlaufen werden.
2. Von den beiden Feldern, auf denen jede Gruppe anfängt und aufhört, muss das eine ein äusseres, das andere ein inneres sein.
3. Das Anfangsfeld und das Schlussfeld des ganzen Rösselsprungs müssen beide äussere Felder sein; es giebt daher keine geschlossenen Rösselsprünge.

Beachtet man diese Bedingungen und noch einige andere, deren Erläuterung hier zu viel Raum kosten würde, so kann man zu allen denkbaren Rösselsprüngen gelangen, ohne Gefahr zu laufen, dass schliesslich Felder, die nicht mehr erreicht werden können, leer geblieben sind. Beispielsweise folgt hier ein solcher Rösselsprung:

| | | | | | | | |
|---|---|---|---|---|---|---|---|
| 1 | 28 | 9 | 24 | 3 | 20 | 15 | 18 |
| 10 | 25 | 2 | 31 | 14 | 17 | 4 | 21 |
| 29 | 8 | 27 | 12 | 23 | 6 | 19 | 16 |
| 26 | 11 | 30 | 7 | 32 | 13 | 22 | 5 |

Da keine anderen Rösselsprünge existiren können, als solche, welche den Bedingungen des Herrn Flye-Sainte-Marie gehorchen, so ist man natürlich auch im Stande, die Anzahl aller möglichen Rösselsprünge in solchem Rechteck von 4 mal 8 Feldern genau zu berechnen. Es ergeben sich im Ganzen 7772 Möglichkeiten, den Springer ein solches Halb-Schachbrett durchlaufen zu lassen, wobei von zwei symmetrischen Rösselsprüngen immer nur der eine gezählt ist. Mit Hülfe dieser Resultate zeigte später im Bulletin de la Société Math. de Fr. (März 1880) Herr Laquière die verschiedenen Möglichkeiten, auf einem vollständigen Schachbrett geschlossene Rösselsprünge von der besonderen Art herzustellen, dass der Springer erst nur die 32 Felder der einen Schachbrett-Hälfte vollständig besucht, ehe er die anderen 32 Felder besetzt. Natürlich ist dies nur ein sehr kleiner Theil von allen denkbaren Rösselsprüngen, und dennoch ergiebt sich für geschlossene Rösselsprünge der beschriebenen, sehr speciellen Art die grosse Zahl:

31 Millionen und 54 Tausend und 144.

Es ist ein naheliegender, schon von Euler ausgesprochener Gedanke, das Rösselsprung-Problem auf andere Felder-Gruppirungen, als sie gerade das Schachbrett bietet, auszudehnen. So lieben es die Unterhaltungs-Zeitschriften, interessante oder elegante Figuren von Feldern, in denen ein Silben-Rösselsprung verläuft, vorzulegen wie etwa die Figur des Eisernen Kreuzes. Auch kann man dadurch, dass man gewisse Felder frei lässt, eine Figur bilden, und so interessante Varianten hervorrufen. Beispielsweise legte der Verfasser am 17. August 1886, dem hundertjährigen Todestage Friedrichs des Grossen, in einer Privatgesellschaft den folgenden, noch nicht veröffentlichten Rösselsprung vor, bei dem die leeren Felder den Anfangsbuchstaben F von Friedrich bilden:

| | | | | Rings | fall | ein | die |
|---|---|---|---|---|---|---|---|
| | Der | um | | wie | Völ | chen | vom |
| | chen | ten | ker | Bei | der | ten | Gott |
| | | Hel | wi | staun | gross | Wip | Ei |
| | nick | vor | ihm | fel | ser | Es | des |
| | den | Jah | die | und | To | im | Has |
| | ihm | ster | Sie | ren | stand | Frei | des |
| Gei | ben | Schaa | re | 17./8 1786 | Feld | der | er |

Die 51 Silben dieses Rösselsprungs bilden eine Stelle aus Schubart's Hymnus auf Friedrich den Grossen. Die Lösung wird dem Leser nicht schwer werden.

Unter den verschiedenen Abarten des Rösselsprung-Problems sind am einfachsten diejenigen zu behandeln, bei denen wenigstens die Figur des Rechtecks beibehalten wird. Sehr bald erkennt man, dass dann bei weniger als 12 Feldern kein Rösselsprung möglich ist, und dass auch bei 4 mal 4 Feldern keine Besetzung aller Felder durch den Springer des Schachbretts ausgeführt werden kann. Aber bei 3 mal 4 Feldern sind schon einige Rösselsprünge möglich, z. B.:

| | | | |
|---|---|---|---|
| 1 | 4 | 7 | 10 |
| 12 | 9 | 2 | 5 |
| 3 | 6 | 11 | 8 |

Bei Quadraten ist 25 die geringste Felderzahl, um Rösselsprünge zu ermöglichen. Als Beispiel diene der folgende:

| | | | | |
|---|---|---|---|---|
| 1 | 14 | 9 | 20 | 3 |
| 24 | 19 | 2 | 15 | 10 |
| 13 | 8 | 25 | 4 | 21 |
| 18 | 23 | 6 | 11 | 16 |
| 7 | 12 | 17 | 22 | 5 |

Fügt man dem Euler'schen Rösselsprung-Problem erschwerende Bedingungen hinzu, so erfordern die Lösungen meist sehr grosse Geduld. Die härteste Geduldprobe bestand wohl vor einigen Jahrzehnten ein in Mähren auf dem Lande lebender pensionirter Beamter, Namens Wenzelides, der sich die Aufgabe stellte, in die 64 Felder eines Schachbretts die Zahlen von 1 bis 64 so einzuschreiben, dass dieselben nicht allein einen geschlossenen

Rösselsprung bilden, sondern dass auch die 8 Zahlen in jeder horizontalen und in jeder verticalen Reihe eine und dieselbe Summe, nämlich 260, ergeben. Nach Jahre lang fortgesetzten Bemühungen fand Wenzelides mehrere Lösungen seines Problems, welche die Berliner Schachzeitung veröffentlichte. Eine der Lösungen folgt hier:

| 47 | 10 | 23 | 64 | 49 | 2 | 59 | 6 |
|---|---|---|---|---|---|---|---|
| 22 | 63 | 48 | 9 | 60 | 5 | 50 | 3 |
| 11 | 46 | 61 | 24 | 1 | 52 | 7 | 58 |
| 62 | 21 | 12 | 45 | 8 | 57 | 4 | 51 |
| 19 | 36 | 25 | 40 | 13 | 44 | 53 | 30 |
| 26 | 39 | 20 | 33 | 56 | 29 | 14 | 43 |
| 35 | 18 | 37 | 28 | 41 | 16 | 31 | 54 |
| 38 | 27 | 34 | 17 | 32 | 55 | 42 | 15 |

Man beachte also, dass in der That die Summe der Zahlen in jeder horizontalen oder verticalen Reihe eine und dieselbe ist, nämlich 260. Zugleich ist dieser kunstvolle Rösselsprung nicht allein geschlossen, sondern auch centralsymmetrisch (vergl. oben). Ausserdem zeigt sich, dass er in den oben besprochenen Vier-Sprüngen verläuft, was um so beachtenswerther ist, als Wenzelides sein Kunstwerk vollendete, ehe jene französischen Mathematiker ihre Arbeiten über den Rösselsprung im „Bulletin“ veröffentlichten.

Der Verfasser dieser Artikel fühlt die Pflicht, nicht allein über die Leistungen Anderer zu referiren und dieselben kritisch und, soweit es möglich ist, historisch zu beleuchten, sondern auch gelegentlich Neues zu bieten. Deshalb legt derselbe im Folgenden eine neue, noch nirgends veröffentlichte Modification des Rösselsprung-Problems vor, die auf dem Gedanken beruht, dass der uns vorstellbare Raum nicht zwei, sondern drei Dimensionen hat. Der gewöhnliche Rösselsprung geschieht nämlich in zwei Hauptrichtungen, indem er in der einen um ein Feld, in der anderen um zwei Felder weitergeht. Die neue Modification aber, die am besten durch den Namen „Würfel-Rösselsprung“ gekennzeichnet wird, geschieht in einem Würfel von 4 mal 4 mal 4 Fächern. Wir haben uns also unten eine Schicht von 4 mal 4 würfelförmigen Fächern vorzustellen, die natürlich ein Quadrat von 4 mal 4 quadratischen Feldern als Basis haben. Auf dieser Schicht ruht eine zweite, auf dieser eine dritte und auf dieser eine vierte, oberste, ebenso beschaffene Schicht. Jedes der 64 so entstandenen Fächer denken wir uns durch eine Zahl besetzt, und es handelt sich nun darum, die Fächer durch die Zahlen von 1 bis 64 so zu besetzen, dass zwei aufeinanderfolgende Zahlen in zwei Fächern stehen, die in der einen der drei Hauptrichtungen um 2, in einer anderen Hauptrichtung um 1 Fach entfernt sind. Die drei Hauptrichtungen sind natürlich erstens von links nach rechts, zweitens von vorn nach hinten, drittens von oben nach unten, oder umgekehrt. Man beachte daher, dass jedes der 8 Eckfächer 6 Ausgänge hat, dass zweitens von jedem der 24 Kantenfächer, die nicht Eckfächer sind, 8 Fächer durch den Raum-Springer erreicht werden können, dass drittens jedes der 24 Flächenfächer, die nicht Kantenfächer sind, 10 Fächer rösselt, und dass viertens von jedem der 8 ganz im Innern liegenden Fächer sogar 12 Fächer so erreicht werden können, dass man um zwei Schritte in einer Hauptrichtung und zugleich um einen Schritt in einer anderen Hauptrichtung weitergeht. Durch diese Vergrösserung der Anzahl der Fächer, zu denen man von irgend einem Fach weiter gelangen kann, gewinnt sowohl das Problem, derartige Würfel-Rösselsprünge zusammenzustellen, wie auch das umgekehrte Problem, einen in Silben aufgegebenen Würfel-Rösselsprung zu lösen, bedeutend an Interesse. Auch wird das räumliche Vorstellungsvermögen desjenigen, der solche Probleme zu lösen unternimmt, sehr in Anspruch genommen. Zunächst geben wir dem Leser einen Silben-Würfel-Rösselsprung zu lösen auf. Da das Papier nur zweidimensional, ein Würfel-Rösselsprung aber dreidimensional ist, so können wir denselben nur in Quadraten von je 16 Feldern mittheilen, welche die Oberflächen der in 4 Schichten von oben nach unten liegenden Fächer bedeuten sollen:

Erste Schicht von oben.

| kommt | Zeit | Jetzt | gen |
|---|---|---|---|
| das | Pfeil | gernd | der |
| Zö | die | ist | ent |
| schnell | flo | Schritt | Zu |

Zweite Schicht von oben.

| wig | Tie | ge | fach |
|---|---|---|---|
| an | Drei | E | fe |
| die | still | ist | zo |
| der | kunft | sich | gen |

Dritte Schicht von oben.

| Rast | ist | Brei | los |
|---|---|---|---|
| die | gie | los | mes |
| des | Maass | End | sset |
| te | sich | Rau | strebt |

Vierte Schicht von oben.

| te | die | in's | fach |
|---|---|---|---|
| Wei- | gen | Grund | Ver |
| steht | senkt | Drei | Läng' |
| heit | die | gan | los |

Bei diesem das Dreidimensionale des Raums feiernden und deshalb hierher passenden Vers von Schiller kann man die aufeinanderfolgenden Silben aus dem folgenden Würfel-Rösselsprung entnehmen:

I. Schicht von oben.

| 10 | 7 | 22 | 17 |
|---|---|---|---|
| 21 | 18 | 9 | 6 |
| 8 | 11 | 20 | 23 |
| 19 | 24 | 5 | 12 |

II. Schicht von oben.

| 27 | 62 | 15 | 2 |
|---|---|---|---|
| 14 | 1 | 26 | 63 |
| 61 | 28 | 3 | 16 |
| 4 | 13 | 64 | 25 |

III. Schicht von oben.

| | | | |
|---|---|---|---|
| 42 | 37 | 56 | 51 |
| 55 | 52 | 43 | 40 |
| 38 | 41 | 50 | 53 |
| 49 | 54 | 39 | 44 |

IV. Schicht von oben.

| | | | |
|---|---|---|---|
| 57 | 30 | 47 | 36 |
| 48 | 33 | 58 | 31 |
| 29 | 60 | 35 | 46 |
| 34 | 45 | 32 | 59 |

Die Methode, nach welcher der Verfasser diesen Würfel-Rösselsprung gebildet hat, ist im allgemeinen der neueren französischen Methode für die Bildung gewöhnlicher Rösselsprünge nachgebildet, indem immer je 4 aufeinanderfolgende Zahlen einen Vier-Sprung in einem Quadrate bilden, dessen Ebene eine der sechs Seitenflächen des Würfels parallel ist. Nach einem anderen etwas complicirteren Gesetze ist der folgende Würfel-Rösselsprung zusammengestellt:

I. Schicht.

| | | | |
|---|---|---|---|
| 7 | 56 | 41 | 26 |
| 60 | 53 | 30 | 21 |
| 13 | 6 | 43 | 36 |
| 2 | 15 | 34 | 49 |

II Schicht.

| | | | |
|---|---|---|---|
| 12 | 5 | 46 | 37 |
| 63 | 16 | 33 | 48 |
| 10 | 57 | 40 | 25 |
| 59 | 54 | 29 | 22 |

III. Schicht.

| | | | |
|---|---|---|---|
| 61 | 52 | 27 | 20 |
| 8 | 55 | 42 | 23 |
| 1 | 18 | 31 | 50 |
| 14 | 3 | 44 | 35 |

IV. Schicht.

| | | | |
|---|---|---|---|
| 64 | 17 | 32 | 47 |
| 11 | 4 | 45 | 38 |
| 62 | 51 | 28 | 19 |
| 9 | 58 | 39 | 24 |

Es ist naheliegend, das Problem des Würfel-Rösselsprungs auf rechtwinklige Parallelepipeda (Kisten) auszudehnen. Als Beispiel diene der folgende Rösselsprung, der in 3 mal 4 mal 6 würfelförmigen Fächern verläuft, und der den Schluss unseres etwas lang gewordenen Artikels IV bilden soll:

I. Schicht.

| | | | | | |
|---|---|---|---|---|---|
| 37 | 46 | 33 | 42 | 29 | 40 |
| 64 | 17 | 68 | 21 | 70 | 23 |
| 55 | 8 | 53 | 4 | 57 | 12 |

II. Schicht.

| | | | | | |
|---|---|---|---|---|---|
| 34 | 49 | 36 | 39 | 32 | 43 |
| 67 | 20 | 65 | 24 | 1 | 26 |
| 52 | 5 | 56 | 13 | 60 | 3 |

III. Schicht.

| | | | | | |
|---|---|---|---|---|---|
| 47 | 38 | 45 | 28 | 41 | 30 |
| 16 | 63 | 18 | 69 | 22 | 71 |
| 9 | 54 | 7 | 62 | 11 | 58 |

IV. Schicht.

| | | | | | |
|---|---|---|---|---|---|
| 50 | 35 | 48 | 31 | 44 | 27 |
| 19 | 66 | 15 | 72 | 25 | 2 |
| 6 | 51 | 10 | 59 | 14 | 61 |

## V. Zwei Dinge zu rathen, die in angegebenen Reihen liegen.

(Mutus dedit nomen cocis.)

Das alte und sehr verbreitete Kartenkunststück „Mutus dedit nomen cocis“ besteht bekanntlich darin, dass der Rathende 10 Paare Karten aufdeckt, von denen man sich ein Paar merken soll. Nachdem der Rathende dann die 20 Karten in gewisser Weise in 4 Reihen zu je 5 hingelegt hat und gehört hat, in welcher Reihe bezw. welchen beiden Reihen das gemerkte Paar liegt, ist er im Stande, anzugeben, welches die beiden gemerkten Karten sind. Er nimmt die Karten nämlich so zusammen, dass immer die Karten eines Paares zusammenbleiben, denkt sich dann die 5 Buchstaben jedes der 4 Wörter „Mutus dedit nomen cocis“ in 4 Reihen auf den Tisch geschrieben, und legt die Karten jedes Paares so, dass sie auf zwei gleiche Buchstaben zu liegen kommen. Wird ihm nun gesagt, dass die gemerkten Karten beide in der ersten Reihe liegen, so ist es die zweite und vierte, weil in Mutus nur der zweite und vierte Buchstabe, nämlich u, derselbe ist. Lägen die Karten beide in der zweiten

Reihe, so müsste die erste und dritte das Paar bilden, weil in dedit der erste und dritte Buchstabe gleich ist, u. s. w. Hörte man ferner, dass die beiden gemerkten Karten in der ersten und zweiten Reihe liegen, so müsste man den Buchstaben suchen, der in Mutus und dedit zugleich vorkommt. Man fände, dass es das t ist, woraus man zu schliessen hätte, dass die dritte Karte der ersten Reihe und die fünfte der zweiten Reihe das gemerkte Paar bilden. Ebenso würde man aus der Angabe „zweite und vierte Reihe" wegen des gemeinsamen Buchstabens i finden, dass die vierte Karte der zweiten Reihe mit der vierten Karte der vierten Reihe das gemerkte Paar zusammensetzen, u. s. w. Der Erfolg dieses Kunststücks beruht darauf, dass die 10 Buchstaben, die in Mutus dedit nomen cocis, jeder zweimal, vorkommen, sich derartig vertheilen, dass erstens jedes Wort einen Buchstaben doppelt enthält, und dass zweitens je zwei Reihen immer einen Buchstaben gemeinsam haben.

Es liegt nahe, dieses kleine Kunststück, dessen Geschichte dem Verfasser unbekannt ist, auf beliebig viele Reihen auszudehnen. Obwohl man statt der Karten natürlich beliebige Dinge setzen kann, wollen wir doch, der Einfachheit des Ausdrucks wegen, Karten-Paare als die zu rathenden Dinge betrachten. Sollen n Reihen gelegt werden, so müssen in jeder Reihe immer $n + 1$ Karten liegen, wie sich auf folgende Weise ergiebt. In jeder Reihe sind zwei Karten, die ein Paar bilden, ausserdem noch je eine Karte, die mit einer der übrigen $n - 1$ Reihen ein Paar bildet; also muss jede Reihe $2 + n - 1$ oder $n + 1$ Karten enthalten. Für $n = 1$ ist das Kunststück naiv. Für $n = 2$ sind zwei Reihen von je drei Karten zu legen. Man hat sich dann nur zu merken, an welche Stelle jeder Reihe man die beiden Karten legt, von denen die eine in der einen, die andere in der andern Reihe zu liegen hat. Bezeichnen zwei gleiche Buchstaben immer ein Paar, so kann die Legweise der drei Kartenpaare so verdeutlicht werden:

a b a
b c c

Ebenso kann man für n = 3, also für 6 Karten-Paare, die Legweise aus folgender Buchstaben-Zusammenstellung entnehmen:

| | | | |
|---|---|---|---|
| a | b | c | a |
| b | d | e | d |
| c | e | f | f |

Es fragt sich nun, ob man ein leicht behaltbares Princip der Zusammenstellung der Buchstaben finden kann, wenn n beliebig gross ist, da man ja doch darauf verzichten muss, für grössere n Zaubersprüche zu ersinnen, die ebenso gut passen, wie die Buchstaben in „Mutus dedit nomen cocis" für n = 4 passen. Ein solches Princip, das sich dem Gedächtniss leicht einprägt, ist folgendes: „In der a-ten Reihe soll immer die a-te und die letzte Karte ein Paar bilden; und ausserdem sollen immer die b-te Karte der c-ten Reihe mit der c-ten Karte der b-ten Reihe als Paar zusammengehören." Bezeichnen also wieder, wie oben, zwei gleiche Buchstaben ein Paar, so kann die aus dieser Regel für n = 7 resultirende Legweise folgendermaassen veranschaulicht werden:

| | | | | | | | |
|---|---|---|---|---|---|---|---|
| A | b | c | d | e | f | g | A |
| b | B | h | i | k | l | m | B |
| c | h | C | n | o | p | q | C |
| d | i | n | D | r | s | t | D |
| e | k | o | r | E | u | v | E |
| f | l | p | s | u | F | w | F |
| g | m | q | t | v | w | G | G |

(Die grossen Buchstaben bezeichnen immer zwei Karten, die in derselben Reihe liegen.)

Es ist nun nicht schwer, hiernach das Kunststück für beliebig viele Karten durchzuführen. Natürlich kann man statt der Karten auch andere unterscheidbare Dinge nehmen. Zur Unterhaltung einer Gesellschaft empfiehlt sich z. B. die Wahl von männlichen und weiblichen Vornamen. Wir wollen hier beliebig zusammengestellte Paare von Zahlen nehmen. Für n = 7 ergeben sich 28 Paare. Wir schreiben also auf 56 gleich grosse Zettel etwa die Zahlen von 1 bis 56, und legen dieselben, nachdem sie gehörig durcheinandergemischt sind, so zu Paaren zusammen, wie der Zufall es fügt. Jeder in der Gesellschaft kann sich nun ein zusammenliegendes Paar merken, und wir werden ihm nachher das gemerkte Paar nennen können, nachdem wir die Paare aufgenommen, gemäss der obigen Regel gelegt und gehört haben, in welcher Reihe bezw. welchen beiden Reihen die beiden gemerkten Zahlen liegen. Beispielsweise seien die 56 Zahlen zufällig in folgender Weise zu 28 Paaren zusammengelegt:

| | | | | | | | | | | | | | |
|---|---|---|---|---|---|---|---|---|---|---|---|---|---|
| 13 | 16 | 17 | 1 | 31 | 32 | 5 | 33 | 41 | 51 | 42 | 52 | 43 | 14 |
| 29 | 50 | 34 | 53 | 18 | 22 | 30 | 19 | 15 | 8 | 21 | 2 | 3 | 38 |
| 44 | 54 | 47 | 6 | 46 | 7 | 55 | 9 | 45 | 10 | 39 | 11 | 12 | 36 |
| 26 | 28 | 27 | 48 | 4 | 49 | 20 | 56 | 23 | 40 | 25 | 35 | 37 | 24 |

Nachdem wir diese Paare aufgenommen haben, legen wir sie nach der angegebenen Regel, wobei wir hinsichtlich der Reihenfolge, in welcher wir die Paare nach einander auf den ihnen zukommenden Platz legen, beliebig verfahren werden, um dem Beschauer das Legungsgesetz zu verhüllen. Die 28 Zahlen-Paare mögen also etwa so gelegt sein:

| | | | | | | | |
|---|---|---|---|---|---|---|---|
| 42 | 43 | 44 | 47 | 46 | 55 | 45 | 21 |
| 3 | 39 | 37 | 13 | 17 | 31 | 5 | 25 |
| 26 | 12 | 41 | 51 | 52 | 14 | 54 | 15 |
| 27 | 29 | 8 | 6 | 7 | 9 | 10 | 48 |
| 4 | 34 | 2 | 49 | 11 | 36 | 16 | 35 |
| 20 | 18 | 38 | 56 | 24 | 1 | 32 | 53 |
| 23 | 30 | 28 | 40 | 50 | 22 | 33 | 19 |

Hören wir nun, dass zwei gemerkte Zahlen beide in der fünften Reihe liegen, so werden wir, unserer Regel eingedenk, die fünfte und letzte, also 11 und 35 nennen. Hören wir ferner, dass zwei gemerkte Zahlen in der dritten und sechsten Reihe liegen, so muss es nach unserer Regel die sechste Zahl der dritten Reihe und die dritte Zahl der sechsten Reihe, also 14 und 38 sein. Hören wir endlich, dass die Zahlen in der ersten und dritten Reihe liegen, so können wir sofort das richtige Zahlen-Paar 44 und 26 nennen.

Man erkennt leicht, dass in dieser Weise das Kunststück auf beliebig viele Reihen ausgedehnt werden kann und um so überraschender wirken muss, je grösser die Zahl der Reihen und also auch die Zahl der Paare wird. So hat also die Heraussuchung des in dem alten Kartenkunststück steckenden mathematischen Kerns dasselbe bedeutend vervollkommnet.

## VI. Ueber magische Quadrate.

A. Einleitendes. — Auf dem „Melancholie" genannten Holzschnitt des berühmten Nürnberger Malers Albrecht Dürer befindet sich als Attribut u. a. das folgende Quadrat:

| | | | |
|---|---|---|---|
| 1 | 14 | 15 | 4 |
| 12 | 7 | 6 | 9 |
| 8 | 11 | 10 | 5 |
| 13 | 2 | 3 | 16 |

Diese Anordnung der 16 Zahlen von 1 bis 16 hat die merkwürdige Eigenschaft, dass sich stets dieselbe Summe 34 ergiebt, gleichviel, ob man die 4 in einer horizontalen Reihe stehenden Zahlen addirt, oder ob man die 4 Zahlen einer verticalen Reihe oder auch die 4 Zahlen in jeder der beiden Diagonalen zusammenzählt. Man nennt eine solche Anordnung von Zahlen ein magisches Quadrat, und das obige Quadrat ist das erste magische Quadrat, das im christlichen Abendlande auftritt.

Wie das Schachspiel selbst und viele der auf die Figur des Schachbretts bezüglichen Aufgaben ist auch die Aufgabe, ein magisches Quadrat herzustellen, wahrscheinlich auf indischem Boden gewachsen. Von da gelangte die Aufgabe zu den Arabern, und von ihnen zu den Oströmern. Endlich haben sich seit Albrecht Dürer auch die west-europäischen Gelehrten mit den Methoden zur Herstellung solcher Quadrate beschäftigt. Das älteste und einfachste magische Quadrat besteht in der quadratischen Anordnung der 9 Zahlen von 1 bis 9, so dass die Summe in jeder horizontalen, verticalen oder diagonalen Reihe stets dieselbe, nämlich 15, wird. Dieses Quadrat sieht so aus:

| | | |
|---|---|---|
| 2 | 7 | 6 |
| 9 | 5 | 1 |
| 4 | 3 | 8 |

In der That kommt immer 15 heraus, gleichviel ob man 2 und 7 und 6, oder 9 und 5 und 1, oder 4 und 3 und 8, oder 2 und 9 und 4, oder 7 und 5 und 3, oder 6 und 1 und 8, oder 2 und 5 und 8, oder 6 und 5 und 4 addirt. Es liegt die Frage nahe, ob diese Bedingung der überall gleichen Summe auch dann erfüllt werden kann, wenn man den Zahlen andere Plätze anweist.

Es lässt sich jedoch zeigen, dass nothwendiger Weise 5 die Mitte bilden muss, und dass die geraden Zahlen in den Ecken stehen müssen. Dadurch sind noch weitere 7 Anordnungen möglich, die sich aber von der obigen und unter einander nur dadurch unterscheiden, dass man die Reihen oben, links, unten, rechts mit einander vertauscht und sich zu jeder Anordnung noch das Spiegelbild hinzudenkt. Auch aus dem Dürer'schen Quadrat von 4 mal 4 Feldern lassen sich durch Umsetzungen noch eine ganze Reihe neuer richtiger Quadrate bilden. Auf einfachste Weise bildet man ein magisches Quadrat der 4 mal 4 Zahlen von 1 bis 16 folgendermaassen. Man schreibt sich die Zahlen von 1 bis 16 in natürlicher Reihenfolge in die Felder ein, also so:

| | | | |
|---|---|---|---|
| 1 | 2 | 3 | 4 |
| 5 | 6 | 7 | 8 |
| 9 | 10 | 11 | 12 |
| 13 | 14 | 15 | 16 |

Dann lässt man die Zahlen in den 4 Eckfeldern, also 1, 4, 13, 16 ebenso wie die Zahlen in den 4 Mittelfeldern, also 6, 7, 10, 11 an ihrer alten Stelle; statt der übrigen 8 Zahlen schreibt man aber ihre Ergänzungen zu 17, also 15 statt 2, 14 statt 3, 12 statt 5, 9 statt 8, 8 statt 9, 5 statt 12, 3 statt 14 und 2 statt 15. So erhält man das magische Quadrat:

34 ⟍ ⟋ 34

| | | | | |
|---|---|---|---|---|
| 1 | 15 | 14 | 4 | = 34 |
| 12 | 6 | 7 | 9 | = 34 |
| 8 | 10 | 11 | 5 | = 34 |
| 13 | 3 | 2 | 16 | = 34 |
| 34 | 34 | 34 | 34 | |

aus dem sich überall dieselbe Summe 34 ergiebt. Interessant ist an diesem Quadrat, dass auch immer 4 Zahlen, welche um die Mitte herum ein Rechteck oder ein Quadrat bilden, die Summe 34 liefern, z. B. 1, 4, 13, 16, sowie 6, 7, 10, 11, sowie 15, 14, 3, 2, sowie 12, 9, 5, 8 oder auch 15, 8, 2, 9 oder 14, 12, 3, 5. Man überzeugt sich leicht, dass dieses Quadrat aus dem von Albrecht Dürer hervorgeht, wenn man die beiden mittleren Verticalreihen mit einander vertauscht.

B. Aeltere Bildungsweisen für ungerade Felderzahl. — Schon seit alter Zeit kennt man Vorschriften, um magische Quadrate auch von mehr als 3 mal 3 oder 4 mal 4 Feldern zu bilden. Zunächst lässt sich leicht die Summe berechnen, die sich bei einer gegebenen Zahl von Feldern aus jeder Reihe ergeben muss. Liegt nämlich an jeder Seite des auszufüllenden Quadrats eine gewisse Zahl von Feldern, so hat man diese Zahl mit sich selbst zu multipliciren, 1 hinzuzuzählen, die erhaltene Zahl wieder mit der Felderzahl an jeder Reihe zu multipliciren und dann die Hälfte zu nehmen. So ergiebt sich bei 4 mal 4 Feldern: 4 mal 4 sind 16, 16 und 1 sind 17, und die Hälfte von 17 mal 4 giebt 34. Ebenso kommt bei 5 mal 5 Feldern: 5 mal 5 sind 25, 1 dazu giebt 26, dann die Hälfte von 26 mal 5 giebt 65. Weiterhin kommt für 6 mal 6 Felder: 111 als Summe, für 7 mal 7 Felder: 175, für 8 mal 8 Felder: 260, für 9 mal 9 Felder: 369, für 10 mal 10 Felder: 505 u. s. w. Die indische Vorschrift für die Herstellung solcher magischer Quadrate, die eine ungerade Anzahl von Feldern an jeder Seite des Quadrats haben, lässt sich folgendermaassen aussprechen: Man schreibe 1 in die Mitte der obersten Reihe, dann 2 als unterste Zahl der rechts daneben befindlichen Verticalreihe und schreibe dann die weiteren Zahlen in ihrer natürlichen Reihenfolge, diagonal nach rechts oben so ein, dass man nach Erreichung des rechten Randes, am linken Rande in der darüber befindlichen Reihe fortfährt, und nach Erreichung des oberen Randes, am unteren Rande in der rechts daneben befindlichen Reihe die Zählung weiterführt, wobei nur noch zu beachten ist, dass man, wenn man auf ein schon besetztes Feld stösst, statt dessen das Feld ausfüllt, das unter dem zuletzt ausgefüllten sich befindet. Auf diese Weise ist z. B. das folgende magische Quadrat von 7 mal 7 Feldern gebildet, in dem man die Zahlen in ihrer natürlichen Reihenfolge verfolgen möchte:

175 = (Diagonale links oben)     (Diagonale rechts oben) = 175

| | | | | | | | |
|---|---|---|---|---|---|---|---|
| 30 | 39 | 48 | 1 | 10 | 19 | 28 | = 175 |
| 38 | 47 | 7 | 9 | 18 | 27 | 29 | = 175 |
| 46 | 6 | 8 | 17 | 26 | 35 | 37 | = 175 |
| 5 | 14 | 16 | 25 | 34 | 36 | 45 | = 175 |
| 13 | 15 | 24 | 33 | 42 | 44 | 4 | = 175 |
| 21 | 23 | 32 | 41 | 43 | 3 | 12 | = 175 |
| 22 | 31 | 40 | 49 | 2 | 11 | 20 | = 175 |
| 175 | 175 | 175 | 175 | 175 | 175 | 175 | |

Eine weitere Förderung der Theorie der magischen Quadrate und der Methoden zu ihrer Herstellung verdanken wir dem Byzantiner Moschopulos im 14. Jahrhundert, ferner noch Albrecht Dürer, der um 1500 lebte, dem berühmten Rechenmeister Adam Riese und dem Mathematiker Michael Stifel, die um 1550 lebten. Im 17. Jahrhundert beschäftigten sich mit den magischen Quadraten Bachet de Méziriac und Athanasius Kircher. Um 1700 endlich förderten die Theorie erheblich die französischen Mathematiker De la Hire und Sauveur. In neuerer Zeit bekümmerten sich die Mathematiker weniger um die magischen Quadrate, wie überhaupt um derartige Unterhaltungsaufgaben. Doch fasste in jüngster Zeit der Braunschweiger Mathematiker Scheffler seine und Anderer Studien über magische Quadrate in eleganter Weise zusammen. Am bekanntesten von den verschiedenen Methoden, magische Quadrate mit ungerader Felderzahl zu formiren, ist das folgende. Man schreibe die Zahlen nach einander in folgender Weise diagonal:

<table>
<tr><td></td><td></td><td></td><td></td><td></td><td></td><td>7</td><td></td><td></td><td></td><td></td><td></td><td></td></tr>
<tr><td></td><td></td><td></td><td></td><td></td><td>6</td><td></td><td>14</td><td></td><td></td><td></td><td></td><td></td></tr>
<tr><td></td><td></td><td></td><td></td><td>5</td><td></td><td>13</td><td></td><td>21</td><td></td><td></td><td></td><td></td></tr>
<tr><td></td><td></td><td></td><td>4</td><td></td><td>12</td><td></td><td>20</td><td></td><td>28</td><td></td><td></td><td></td></tr>
<tr><td></td><td></td><td>3</td><td></td><td>11</td><td></td><td>19</td><td></td><td>27</td><td></td><td>35</td><td></td><td></td></tr>
<tr><td></td><td>2</td><td></td><td>10</td><td></td><td>18</td><td></td><td>26</td><td></td><td>34</td><td></td><td>42</td><td></td></tr>
<tr><td>1</td><td></td><td>9</td><td></td><td>17</td><td></td><td>25</td><td></td><td>33</td><td></td><td>41</td><td></td><td>49</td></tr>
<tr><td></td><td>8</td><td></td><td>16</td><td></td><td>24</td><td></td><td>32</td><td></td><td>40</td><td></td><td>48</td><td></td></tr>
<tr><td></td><td></td><td>15</td><td></td><td>23</td><td></td><td>31</td><td></td><td>39</td><td></td><td>47</td><td></td><td></td></tr>
<tr><td></td><td></td><td></td><td>22</td><td></td><td>30</td><td></td><td>38</td><td></td><td>46</td><td></td><td></td><td></td></tr>
<tr><td></td><td></td><td></td><td></td><td>29</td><td></td><td>37</td><td></td><td>45</td><td></td><td></td><td></td><td></td></tr>
<tr><td></td><td></td><td></td><td></td><td></td><td>36</td><td></td><td>44</td><td></td><td></td><td></td><td></td><td></td></tr>
<tr><td></td><td></td><td></td><td></td><td></td><td></td><td>43</td><td></td><td></td><td></td><td></td><td></td><td></td></tr>
</table>

Nachdem man so 25 Felder des zu füllenden Quadrats von 49 Feldern ausgefüllt hat, setze man die an jeder Quadratseite ausserhalb befindlichen 6 Zahlen, ohne die Figur derselben zu ändern, genau in die an der Gegenseite befindlichen leer gebliebenen Felder. Nach dieser von Bachet de Méziriac herrührenden Methode entsteht das folgende magische Quadrat der Zahlen von 1 bis 49:

| 4 | 29 | 12 | 37 | 20 | 45 | 28 |
|---|---|---|---|---|---|---|
| 35 | 11 | 36 | 19 | 44 | 27 | 3 |
| 10 | 42 | 18 | 43 | 26 | 2 | 34 |
| 41 | 17 | 49 | 25 | 1 | 33 | 9 |
| 16 | 48 | 24 | 7 | 32 | 8 | 40 |
| 47 | 23 | 6 | 31 | 14 | 39 | 15 |
| 22 | 5 | 30 | 13 | 38 | 21 | 46 |

C. Neuere Bildungsweisen für ungerade Felderzahl. — Mit Recht wird der Leser fragen, ob es nicht noch richtige magische Quadrate giebt, die auf andere Weise, als auf die eben angegebene, gebildet werden, und ob es nicht Bildungsverfahren giebt, die auf alle denkbaren magischen Quadrate von bestimmter Felderzahl führen. Für ungerade Felderzahl ist ein solches allgemeines Bildungsverfahren zuerst von De la Hire angegeben und jüngst von Herrn Scheffler vervollkommnet. Um dieses Verfahren kennen zu lernen, wählen wir das Beispiel von 5 mal 5 Feldern. Zunächst formiren wir zwei Hilfsquadrate. In das erste schreiben wir fünf mal die Zahlen von 1 bis 5, in das zweite die Vielfachen von fünf: 0, 5, 10, 15, 20. Es ist nun klar, dass durch Addiren jeder der Zahlen von 1 bis 5 mit jeder der Zahlen 0, 5, 10, 15, 20 alle 25 Zahlen von 1 bis 25 entstehen. Es handelt sich also bloss noch darum, die Zahlen so einzuschreiben, dass durch Addition der beiden Zahlen in zwei entsprechend liegenden Feldern auch wirklich jede Zusammenstellung einmal und auch nur einmal herauskommt, und dass ferner in jeder horizontalen, verticalen und diagonalen Reihe in jedem Hilfsquadrat jede Zahl auch wirklich erscheint. Dann muss die erforderliche Summe 65 erscheinen, weil die Zahlen von 1 bis 5 zusammen 15 und die Zahlen 0, 5, 10, 15, 20 zusammen 50 ergeben. Man erreicht die erforderliche Art der Einschreibung dadurch, dass man sich die Zahlen 1, 2, 3, 4, 5 (oder 0, 5, 10, 15, 20) cyklisch denkt, d. h. auf 5 folgend wieder 1, und dass man nun, von irgend einer Zahl ausgehend, entweder keine, oder immer eine, oder immer zwei u. s. w. Zahlen überspringt. So entstehen Cyklen der ersten, zweiten u. s. w. Ordnung, z. B. 3, 4, 5, 1, 2 ist ein Cyklus erster Ordnung, 2, 4, 1, 3, 5 ist zweiter Ordnung, 1, 5, 4, 3, 2 ist vierter Ordnung. Man hat nun bei beiden Hilfsquadraten nur darauf zu achten, dass horizontal in allen Reihen dieselbe Cyklus-Ordnung festgehalten wird, dass dasselbe auch in den verticalen Reihen geschieht, dass aber die Cyklus-Ordnung horizontal und vertical verschieden ist. Endlich hat man nur noch darauf zu achten, dass zu denselben Zahlen des einen Hilfsquadrats in dem andern Hilfsquadrat nicht gleiche Zahlen, sondern verschiedene Zahlen zugehören, d. h. in ebenso liegenden Feldern stehen. Möglich sind also etwa folgende Hilfsquadrate:

| | | | | |
|---|---|---|---|---|
| 3 | 4 | 5 | 1 | 2 |
| 5 | 1 | 2 | 3 | 4 |
| 2 | 3 | 4 | 5 | 1 |
| 4 | 5 | 1 | 2 | 3 |
| 1 | 2 | 3 | 4 | 5 |

und

| | | | | |
|---|---|---|---|---|
| 0 | 10 | 20 | 5 | 15 |
| 5 | 15 | 0 | 10 | 20 |
| 10 | 20 | 5 | 15 | 0 |
| 15 | 0 | 10 | 20 | 5 |
| 20 | 5 | 15 | 0 | 10 |

Addirt man die in gleichliegenden Feldern stehenden beiden Zahlen, so erhält man das richtige magische Quadrat:

| | | | | |
|---|---|---|---|---|
| 3 | 14 | 25 | 6 | 17 |
| 10 | 16 | 2 | 13 | 24 |
| 12 | 23 | 9 | 20 | 1 |
| 19 | 5 | 11 | 22 | 8 |
| 21 | 7 | 18 | 4 | 15 |

Man erkennt, dass man so eine grosse Menge von magischen Quadraten von 5 mal 5 Feldern bilden kann, wenn man die Zahlen in den beiden Hilfsquadraten auf alle mögliche Weise variirt. Zudem haben die so entstehenden Quadrate noch die besondere Eigenthümlichkeit, dass je 5 Zahlen, welche zwei Reihen ausfüllen, die einer Diagonale parallel sind und auf verschiedenen Seiten derselben liegen, auch die constante Summe 65 liefern, z. B. 3 und 7, 11, 20, 24 oder 10, 14 und 18, 22, 1. Es entsteht also die Summe 65 im Ganzen aus 20 Reihen oder Reihenpaaren. Mit dieser Eigenthümlichkeit hängt zusammen, dass, wenn man neben oder über oder unter ein solches Quadrat dasselbe immer nochmal wieder angesetzt denkt, beliebig viele quadratisch geordnete Felder derartig erscheinen, dass immer das Quadrat aus je 25 von diesen Feldern ein richtiges magisches Quadrat bildet, wie aus folgender Figur ersichtlich ist:

| 2 | 13 | 24 | 10 | 16 | 2 | 13 | 24 | 10 | 16 | 2 |
|---|---|---|---|---|---|---|---|---|---|---|
| 9 | 20 | 1 | 12 | 23 | 9 | 20 | 1 | 12 | 23 | 9 |
| 11 | 22 | 8 | 19 | 5 | 11 | 22 | 8 | 19 | 5 | 11 |
| 18 | 4 | 15 | 21 | 7 | 18 | 4 | 15 | 21 | 7 | 18 |
| 25 | 6 | 17 | 3 | 14 | 25 | 6 | 17 | 3 | 14 | 25 |
| 2 | 13 | 24 | 10 | 16 | 2 | 13 | 24 | 10 | 16 | 2 |
| 9 | 20 | 1 | 12 | 23 | 9 | 20 | 1 | 12 | 23 | 9 |
| 11 | 22 | 8 | 19 | 5 | 11 | 22 | 8 | 19 | 5 | 11 |
| 18 | 4 | 15 | 21 | 7 | 18 | 4 | 15 | 21 | 7 | 18 |
| 25 | 6 | 17 | 3 | 14 | 25 | 6 | 17 | 3 | 14 | 25 |
| 2 | 13 | 24 | 10 | 16 | 2 | 13 | 24 | 10 | 16 | 2 |
| 9 | 20 | 1 | 12 | 23 | 9 | 20 | 1 | 12 | 23 | 9 |
| 11 | 22 | 8 | 19 | 5 | 11 | 22 | 8 | 19 | 5 | 11 |

Jedes Quadrat von je 25 dieser Zahlen, wie z. B. die beiden fett umzäunten Quadrate, hat die Eigenschaft, dass beim Zusammenzählen der horizontalen, verticalen und diagonalen Reihen dieselbe Summe 65 herauskommt.

Um auch ein Beispiel für eine höhere Anzahl von Feldern zu geben, folgt hier noch ein aus zwei Hilfsquadraten nach der allgemeinen Methode von De la Hire gebildetes magisches Quadrat von 11 mal 11 Feldern:

| 1 | 2 | 3 | 4 | 5 | 6 | 7 | 8 | 9 | 10 | 11 |
|---|---|---|---|---|---|---|---|---|---|---|
| 3 | 4 | 5 | 6 | 7 | 8 | 9 | 10 | 11 | 1 | 2 |
| 5 | 6 | 7 | 8 | 9 | 10 | 11 | 1 | 2 | 3 | 4 |
| 7 | 8 | 9 | 10 | 11 | 1 | 2 | 3 | 4 | 5 | 6 |
| 9 | 10 | 11 | 1 | 2 | 3 | 4 | 5 | 6 | 7 | 8 |
| 11 | 1 | 2 | 3 | 4 | 5 | 6 | 7 | 8 | 9 | 10 |
| 2 | 3 | 4 | 5 | 6 | 7 | 8 | 9 | 10 | 11 | 1 |
| 4 | 5 | 6 | 7 | 8 | 9 | 10 | 11 | 1 | 2 | 3 |
| 6 | 7 | 8 | 9 | 10 | 11 | 1 | 2 | 3 | 4 | 5 |
| 8 | 9 | 10 | 11 | 1 | 2 | 3 | 4 | 5 | 6 | 7 |
| 10 | 11 | 1 | 2 | 3 | 4 | 5 | 6 | 7 | 8 | 9 |

und

| 0 | 11 | 22 | 33 | 44 | 55 | 66 | 77 | 88 | 99 | 110 |
|---|---|---|---|---|---|---|---|---|---|---|
| 33 | 44 | 55 | 66 | 77 | 88 | 99 | 110 | 0 | 11 | 22 |
| 66 | 77 | 88 | 99 | 110 | 0 | 11 | 22 | 33 | 44 | 55 |
| 99 | 110 | 0 | 11 | 22 | 33 | 44 | 55 | 66 | 77 | 88 |
| 11 | 22 | 33 | 44 | 55 | 66 | 77 | 88 | 99 | 110 | 0 |
| 44 | 55 | 66 | 77 | 88 | 99 | 110 | 0 | 11 | 22 | 33 |
| 77 | 88 | 99 | 110 | 0 | 11 | 22 | 33 | 44 | 55 | 66 |
| 110 | 0 | 11 | 22 | 33 | 44 | 55 | 66 | 77 | 88 | 99 |
| 22 | 33 | 44 | 55 | 66 | 77 | 88 | 99 | 110 | 0 | 11 |
| 55 | 66 | 77 | 88 | 99 | 110 | 0 | 11 | 22 | 33 | 44 |
| 88 | 99 | 110 | 0 | 11 | 22 | 33 | 44 | 55 | 66 | 77 |

Aus diesen beiden Hilfsquadraten entsteht durch Addition der beiden Zahlen in zwei gleichliegenden Feldern das folgende magische Quadrat, bei welchem jede Reihe dieselbe Summe 671 ergiebt:

| 1 | 13 | 25 | 37 | 49 | 61 | 73 | 85 | 97 | 109 | 121 |
|---|---|---|---|---|---|---|---|---|---|---|
| 36 | 48 | 60 | 72 | 84 | 96 | 108 | 120 | 11 | 12 | 24 |
| 71 | 83 | 95 | 107 | 119 | 10 | 22 | 23 | 35 | 47 | 59 |
| 106 | 118 | 9 | 21 | 33 | 34 | 46 | 58 | 70 | 82 | 94 |
| 20 | 32 | 44 | 45 | 57 | 69 | 81 | 93 | 105 | 117 | 8 |
| 55 | 56 | 68 | 80 | 92 | 104 | 116 | 7 | 19 | 31 | 43 |
| 79 | 91 | 103 | 115 | 6 | 18 | 30 | 42 | 54 | 66 | 67 |
| 114 | 5 | 17 | 29 | 41 | 53 | 65 | 77 | 78 | 90 | 102 |
| 28 | 40 | 52 | 64 | 76 | 88 | 89 | 101 | 113 | 4 | 16 |
| 63 | 75 | 87 | 99 | 100 | 112 | 3 | 15 | 27 | 39 | 51 |
| 98 | 110 | 111 | 2 | 14 | 26 | 38 | 50 | 62 | 74 | 86 |

D. Gerade Felderzahl. — Bisher haben wir von magischen Quadraten mit gerader Stellenzahl nur das von 4 mal 4 Feldern kennen gelernt. Um solche mit einer höheren geraden Stellenzahl zusammenzusetzen, dienen andere und complicirtere Methoden als für ungerade Stellenzahl. Doch geht man auch hier, wie bei 4 mal 4 Feldern, von der natürlichen Zahlenreihe aus und hat dann theils Ergänzungen zu einer gewissen Zahl (wie 17 bei 4 mal 4), theils Vertauschungen von Zahlen vorzunehmen. Um z. B. ein magisches Quadrat von 6 mal 6 Feldern zu bilden, hat man in die zwölf Diagonalfelder die Zahlen einzuschreiben, welche dort nach der natürlichen Reihenfolge wirklich hingehören, dann in die übrigen Felder die Ergänzungen der dorthin gehörigen Zahlen zu 37 hinzuschreiben und endlich 6 Vertauschungen vorzunehmen, nämlich die Zahlen 33 und 3, 25 und 7, 20 und 14, 18 und 13, 10 und 9, sowie 5 mal 2 zu vertauschen. So entsteht das magische Quadrat:

| | | | | | |
|---|---|---|---|---|---|
| 1 | 35 | 34 | 3 | 32 | 6 |
| 30 | 8 | 28 | 27 | 11 | 7 |
| 24 | 23 | 15 | 16 | 14 | 19 |
| 13 | 17 | 21 | 22 | 20 | 18 |
| 12 | 26 | 9 | 10 | 29 | 25 |
| 31 | 2 | 4 | 33 | 5 | 36 |

Man kann dieses Quadrat auch nach der Methode des De la Hire aus zwei Hilfsquadraten mit den Zahlen 1, 2, 3, 4, 5, 6 und mit den Zahlen 0, 6, 12, 18, 24, 30 zusammensetzen. Dann müssen jedoch bei dem einen die Verticalreihen, bei dem andern die Horizontalreihen je 3 gleiche Zahlen so enthalten, dass die Summe 21 bezw. 90 erhalten bleibt. So entsteht z. B. das obige magische Quadrat aus den beiden folgenden Hilfsquadraten:

| | | | | | |
|---|---|---|---|---|---|
| 1 | 5 | 4 | 3 | 2 | 6 |
| 6 | 2 | 4 | 3 | 5 | 1 |
| 6 | 5 | 3 | 4 | 2 | 1 |
| 1 | 5 | 3 | 4 | 2 | 6 |
| 6 | 2 | 3 | 4 | 5 | 1 |
| 1 | 2 | 4 | 3 | 5 | 6 |

und

| | | | | | |
|---|---|---|---|---|---|
| 0 | 30 | 30 | 0 | 30 | 0 |
| 24 | 6 | 24 | 24 | 6 | 6 |
| 18 | 18 | 12 | 12 | 12 | 18 |
| 12 | 12 | 18 | 18 | 18 | 12 |
| 6 | 24 | 6 | 6 | 24 | 24 |
| 30 | 0 | 0 | 30 | 0 | 30 |

Hierzu ist zu bemerken, dass es ebenso, wie bei ungerader Felderzahl, gelingt, die Zahlen von 1 bis 6 sechsmal so einzuschreiben, dass in jeder horizontalen, verticalen und diagonalen Reihe jede Zahl einmal und nur einmal vorkommt, wie z. B. auf folgende Weise:

| | | | | | |
|---|---|---|---|---|---|
| 1 | 2 | 3 | 4 | 5 | 6 |
| 2 | 4 | 6 | 1 | 3 | 5 |
| 3 | 6 | 5 | 2 | 1 | 4 |
| 5 | 3 | 1 | 6 | 4 | 2 |
| 6 | 5 | 4 | 3 | 2 | 1 |
| 4 | 1 | 2 | 5 | 6 | 3 |

Wenn man nun aber versucht, die andere Zahlengruppe 0, 6, 12, 18, 24, 30 in ein zweites Hilfsquadrat auf ähnliche Weise so einzufügen, dass jede Zahl des ersten Hilfsquadrats mit jeder Zahl des zweiten einmal und nur einmal in entsprechenden Feldern steht, so ergeben sich alle Versuche, diese zweite Bedingung gleichzeitig zu erfüllen, als erfolglos. Deshalb ist es nöthig, solche Hilfsquadrate, wie die beiden obigen, zu wählen. Eigenthümlich ist es, dass nur bei 6 mal 6 Feldern die Erfüllung der zweiten Bedingung unmöglich ist, dass aber z. B. bei 4 mal 4 oder 8 mal 8 Feldern zwei Hilfsquadrate, wie die Methode des De la Hire sie verlangt, möglich sind, nämlich bei 4 mal 4 Feldern:

| | | | |
|---|---|---|---|
| 1 | 2 | 3 | 4 |
| 4 | 3 | 2 | 1 |
| 2 | 1 | 4 | 3 |
| 3 | 4 | 1 | 2 |

und

| | | | |
|---|---|---|---|
| 0 | 4 | 8 | 12 |
| 8 | 12 | 0 | 4 |
| 12 | 8 | 4 | 0 |
| 4 | 0 | 12 | 8 |

Das hieraus resultirende magische Quadrat wird sich der Leser selbst bilden können. Die Existenz dieser beiden Hilfsquadrate verursacht die Lösbarkeit einer hübschen Karten-Aufgabe. Ersetzt man nämlich die Zahlen 1, 2, 3, 4 durch Ass, König, Dame, Bube, und die Zahlen 0, 4, 8, 12 durch die Farben Treff, Pique, Coeur, Caro, so erkennt man, dass es gelingen muss, die 4 Ass, die 4 Könige, die 4 Damen und die 4 Buben quadratisch so anzuordnen, dass in jeder horizontalen, verticalen und diagonalen Reihe jede der vier Farben und jeder der vier Werthe gerade einmal, also auch nur einmal, vorkommt. Die obigen Hilfsquadrate ergeben folgende Lösung dieser Aufgabe:

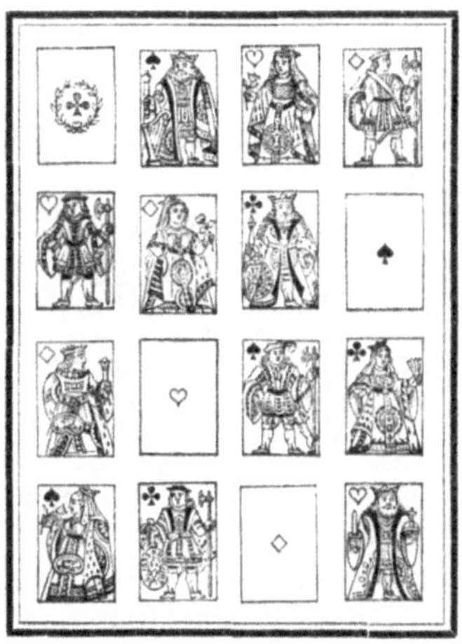

Um die Lösung dem Gedächtniss einzuprägen, beachte man, dass von jeder Ecke aus jede Farbe ebenso, wie jeder Werth in einem Rösselsprung gelegt werden muss. Legt man die 4 Karten einer Reihe fest, so giebt es nur zwei Möglichkeiten, die andern Karten so hinzulegen, dass in jeder Reihe jede Farbe und jeder Werth vorkommt.

Bisher haben wir von magischen Quadraten mit gerader Stellenzahl nur solche von 4 mal 4 und von 6 mal 6 Feldern kennen gelernt. Der Vollständigkeit wegen lassen wir hier noch eins mit 8 mal 8 und eins mit 10 mal 10 Feldern folgen. Die Bildungsweise dieser Quadrate ist ähnlich der oben bei niederer gerader Felderzahl erörterten Methode.

| 1 | 63 | 62 | 4 | 5 | 59 | 58 | 8 |
|---|---|---|---|---|---|---|---|
| 56 | 10 | 11 | 53 | 52 | 14 | 15 | 49 |
| 48 | 18 | 19 | 45 | 44 | 22 | 23 | 41 |
| 25 | 39 | 38 | 28 | 29 | 35 | 34 | 32 |
| 33 | 31 | 30 | 36 | 37 | 27 | 26 | 40 |
| 24 | 42 | 43 | 21 | 20 | 46 | 47 | 17 |
| 16 | 50 | 51 | 13 | 12 | 54 | 55 | 9 |
| 57 | 7 | 6 | 60 | 61 | 3 | 2 | 64 |

| 1 | 99 | 3 | 97 | 96 | 5 | 94 | 8 | 92 | 10 |
|---|---|---|---|---|---|---|---|---|---|
| 90 | 12 | 88 | 14 | 86 | 85 | 17 | 83 | 19 | 11 |
| 80 | 79 | 23 | 77 | 25 | 26 | 74 | 28 | 22 | 71 |
| 31 | 69 | 68 | 34 | 66 | 65 | 37 | 33 | 62 | 40 |
| 60 | 42 | 58 | 57 | 45 | 46 | 44 | 53 | 49 | 51 |
| 50 | 52 | 43 | 47 | 55 | 56 | 54 | 48 | 59 | 41 |
| 61 | 32 | 38 | 64 | 36 | 35 | 67 | 63 | 39 | 70 |
| 21 | 29 | 73 | 27 | 75 | 76 | 24 | 78 | 72 | 30 |
| 20 | 82 | 18 | 84 | 15 | 16 | 87 | 13 | 89 | 81 |
| 91 | 9 | 93 | 4 | 6 | 95 | 7 | 98 | 2 | 100 |

Die so gebildeten magischen Quadrate mit gerader Stellenzahl sind nicht die einzigen; es giebt vielmehr noch viele, die andern Bildungsgesetzen gehorchen. So hat man berechnet, dass bei 4 mal 4 Feldern 880, bei 6 mal 6 Feldern aber schon viele Millionen verschiedener magischer Quadrate möglich sind. Sehr gross wird auch die Zahl der nach De la Hire's Methode formirten magischen Quadrate mit ungerader Stellenzahl. Deren giebt es bei 7 mal 7 Feldern schon 363 Millionen und 916 800. Noch ungeheurer wird die Anzahl der Möglichkeiten bei höherer Felderzahl.

E. Magische Jahreszahl-Quadrate. — Die bisher betrachteten Zauberquadrate enthielten immer nur die natürlichen Zahlen von 1 an aufwärts. Man kann jedoch aus einem richtigen magischen Quadrate leicht andere ableiten, bei denen ein anderes Gesetz in der Reihenfolge der einzuschreibenden Zahl maassgebend ist. Beispielsweise könnte man nur die ungeraden Zahlen einschreiben. Von derartig abgeleiteten Zauberquadraten wollen wir hier nur diejenigen kennen lernen, bei denen zwar aufeinanderfolgende Zahlen eingeschrieben sind, als Summe der Reihen aber eine gewisse gewünschte Zahl, etwa eine Jahreszahl, erscheint.

Dann hat man einfach zu den Zahlen des ursprünglichen Quadrats eine bestimmte zu berechnende Zahl hinzuzuzählen, damit die verlangte Summe herauskommt. Ist dieselbe durch drei theilbar, so giebt es immer magische Quadrate mit dreimal drei Feldern, die diese Summe ergeben. Dann hat man die letztere durch drei zu dividiren, und von dem Resultat 5 abzuziehen, um die Zahl zu erhalten, die man zu jeder Zahl des ursprünglichen Quadrats hinzuzuzählen hat. Ist die gewünschte Summe gerade, aber nicht durch 4 theilbar, so hat man 34 abzuziehen, und dann den vierten Theil zu nehmen, um die Zahl zu erhalten, die man überall addiren muss. Will man also z. B. die Jahreszahl 1890 als Summe jeder Reihe erhalten, so hat man 464 zu jeder Zahl eines gewöhnlichen magischen Quadrats mit viermalvier Feldern zu addiren, mit andern Worten, man hat statt der Zahlen von 1 bis 16, die von 465 bis 480 in die Felder einzufügen. Da die Jahreszahl 1892 durch 11 theilbar ist, so muss es gelingen, aus dem am Schluss von C von uns formirten Zauberquadrate ein solches abzuleiten, bei dem jede Reihe von 11 Feldern die Jahreszahl 1892 ergiebt. Wir ziehen zu diesem Zweck die Summe des Originalquadrats 671 von 1892 ab, und dividiren den Rest durch 11, wodurch wir 111 erhalten und daraus erkennen, dass die Zahlen von 112 bis 232 in die Felder einzuschreiben sind. So entsteht das folgende Quadrat, aus welchem 44 mal ein und dieselbe Summe, nämlich 1892 erhalten werden kann, nämlich erstens aus jeder der 11 horizontalen Reihen, zweitens aus jeder der 11 vertikalen Reihen, drittens aus den beiden diagonalen Reihen und viertens noch 20mal aus je zwei Reihen, die, einer Diagonale parallel, zusammen 11 Felder haben und auf verschiedenen Seiten dieser Diagonale liegen, wie z. B. 196, 122, 158, 205, 131, 167, 214, 140, 187, 223, 149.

Zauberquadrat über die Jahreszahl 1892.

| | | | | | | | | | | | |
|---|---|---|---|---|---|---|---|---|---|---|---|
| 112 | 124 | 136 | 148 | 160 | 172 | 184 | 196 | 208 | 220 | 232 | = 1892 |
| 147 | 159 | 171 | 183 | 195 | 207 | 219 | 231 | 122 | 123 | 135 | = 1892 |
| 182 | 194 | 206 | 218 | 230 | 121 | 133 | 134 | 146 | 158 | 170 | = 1892 |
| 217 | 229 | 120 | 132 | 144 | 145 | 157 | 169 | 181 | 193 | 205 | = 1892 |
| 131 | 143 | 155 | 156 | 168 | 180 | 192 | 204 | 216 | 228 | 119 | = 1892 |
| 166 | 167 | 179 | 191 | 203 | 215 | 227 | 118 | 130 | 142 | 154 | = 1892 |
| 190 | 202 | 214 | 226 | 117 | 129 | 141 | 153 | 165 | 177 | 178 | = 1892 |
| 225 | 116 | 128 | 140 | 152 | 164 | 176 | 188 | 189 | 201 | 213 | = 1892 |
| 139 | 151 | 163 | 175 | 187 | 199 | 200 | 212 | 224 | 115 | 127 | = 1892 |
| 174 | 186 | 198 | 210 | 211 | 223 | 114 | 126 | 138 | 150 | 162 | — 1892 |
| 209 | 221 | 222 | 113 | 125 | 137 | 149 | 161 | 173 | 185 | 197 | = 1892 |
| 1892 | 1892 | 1892 | 1892 | 1892 | 1892 | 1892 | 1892 | 1892 | 1892 | 1892. | |

F. Ineinanderliegende magische Quadrate. Der Scharfsinn der Mathematiker hat auch magische Quadrate gefunden, welche die Eigenthümlichkeit haben, dass, wenn man nacheinander am Rande je eine Reihe fortnimmt, das übrig bleibende kleinere Quadrat noch immer ein magisches ist, d. h. die Eigenschaft hat, dass alle

Reihen dieselbe Summe ergeben. Es mag hier genügen, von solchen Quadraten, die ein kompliziteres Bildungsgesetz haben, zwei Beispiele zu liefern, von denen das erste 7 mal 7, das zweite 8 mal 8 Felder hat. Die Zahlen in jeder Umrahmung bilden um die Mitte herum Quadrate, die wieder für sich magisch sind.

| 4 | 5 | 6 | 43 | 39 | 38 | 40 |
|---|---|---|---|---|---|---|
| 49 | 15 | 16 | 33 | 30 | 31 | 1 |
| 48 | 37 | 22 | 27 | 26 | 13 | 2 |
| 47 | 36 | 29 | 25 | 21 | 14 | 3 |
| 8 | 18 | 24 | 23 | 28 | 32 | 42 |
| 9 | 19 | 34 | 17 | 20 | 35 | 41 |
| 10 | 45 | 44 | 7 | 11 | 12 | 46 |

| 1 | 56 | 55 | 11 | 53 | 13 | 14 | 57 |
|---|---|---|---|---|---|---|---|
| 63 | 15 | 47 | 22 | 42 | 24 | 45 | 2 |
| 62 | 49 | 25 | 40 | 34 | 31 | 16 | 3 |
| 4 | 48 | 28 | 37 | 35 | 30 | 17 | 61 |
| 5 | 44 | 39 | 26 | 32 | 33 | 21 | 60 |
| 59 | 19 | 38 | 27 | 29 | 36 | 46 | 6 |
| 58 | 20 | 18 | 43 | 23 | 41 | 50 | 7 |
| 8 | 9 | 10 | 54 | 12 | 52 | 51 | 64 |

Bei dem ersten dieser Quadrate enthält das inwendige Quadrat von 3 mal 3 Feldern die Zahlen von 21 bis 29 derartig, dass jede Reihe die Summe 75 ergiebt. Dieses Quadrat liegt in einem grösseren von 5 mal 5 Feldern, welches die Zahlen von 13 bis 37 derartig enthält, dass jede Reihe die Summe 125 liefert. Endlich ist dieses Quadrat wieder Theil eines Quadrats mit 7 mal 7 Feldern, das die Zahlen von 1 bis 49 derartig enthält, dass jede Reihe die Summe 175 ergiebt.

Bei dem zweiten Quadrat enthält das inwendige Quadrat von 4 mal 4 Feldern die Zahlen von 25 bis 40 derartig, dass jede Reihe die Summe 130 ergiebt. Dieses Quadrat ist die Mitte eines Quadrats von 6 mal 6 Feldern, das die Zahlen von 15 bis 50 derartig enthält, dass jede Reihe die Summe 195 liefert. Endlich ist dieses Quadrat wieder die Mitte eines gewöhnlichen magischen Quadrats der Zahlen 1 bis 64.

G. Magische Quadrate mit magischen Theilen. Zerlegt man ein Quadrat von 8 mal 8 Feldern durch die beiden, den Seiten parallelen Mittellinien in 4 Theile von je 4 mal 4 Feldern, so kann man die Aufgabe stellen, die Zahlen von 1 bis 64 so einzufügen, dass nicht allein das Ganze ein magisches Quadrat vorstellt, sondern dass auch jeder der 4 Theile für sich magisch ist, d. h. dieselbe Summe aus jeder Reihe liefert. Auch diese Aufgabe hat man zu lösen vermocht, wie folgendes Beispiel zeigt.

| 1 | 4 | 63 | 62 | 5 | 8 | 59 | 58 |
|---|---|---|---|---|---|---|---|
| 64 | 61 | 2 | 3 | 60 | 57 | 6 | 7 |
| 42 | 43 | 24 | 21 | 34 | 35 | 32 | 29 |
| 23 | 22 | 41 | 44 | 31 | 30 | 33 | 36 |
| 13 | 16 | 51 | 50 | 9 | 12 | 55 | 54 |
| 52 | 49 | 14 | 15 | 56 | 53 | 10 | 11 |
| 38 | 39 | 28 | 25 | 46 | 47 | 20 | 17 |
| 27 | 26 | 37 | 40 | 19 | 18 | 45 | 48 |

Hier liefern die vier Zahlen in jeder Reihe eines Theil-Quadrats die Summe 130, sodass die Summe jeder Reihe des grossen Quadrats 260 ergiebt. Endlich bieten wir noch unsern Lesern ein ganz merkwürdiges Quadrat der Zahlen von 1 bis 81. Dasselbe ist durch Parallelen in neun Theile zerlegt, deren jeder neun aufeinanderfolgende Zahlen enthält, die ein magisches Quadrat für sich bilden:

| 31 | 36 | 29 | 76 | 81 | 74 | 13 | 18 | 11 |
|---|---|---|---|---|---|---|---|---|
| 30 | 32 | 34 | 75 | 77 | 79 | 12 | 14 | 16 |
| 35 | 28 | 33 | 80 | 73 | 78 | 17 | 10 | 15 |
| 22 | 27 | 20 | 40 | 45 | 38 | 58 | 63 | 56 |
| 21 | 23 | 25 | 39 | 41 | 43 | 57 | 59 | 61 |
| 26 | 19 | 24 | 44 | 37 | 42 | 62 | 55 | 60 |
| 67 | 72 | 65 | 4 | 9 | 2 | 49 | 54 | 47 |
| 66 | 68 | 70 | 3 | 5 | 7 | 48 | 50 | 52 |
| 71 | 64 | 69 | 8 | 1 | 6 | 53 | 46 | 51 |

So wunderbar die Eigenschaften dieses Quadrats erscheinen, so einfach ist das Gesetz, nach welchem der

Verfasser dieses Quadrat gebildet hat. Man hat nämlich nur die neun Theile als die neun Quadrate eines magischen Quadrats der Zahlen I bis IX anzusehen und dann in das mit I bezeichnete Quadrat die Zahlen von 1 bis 9, in das mit II bezeichnete Quadrat die Zahlen von 10 bis 18 u. s. w. magisch einzuschreiben. Dann entsteht das obige Quadrat aus folgendem grundlegenden Quadrate:

| | | |
|---|---|---|
| IV | IX | II |
| III | V | VII |
| VIII | I | VI |

H. Magische Quadrate, die zugleich Rösselsprünge sind. Wer von den Lesern kennt nicht die in den Unterhaltungs-Zeitschriften enthaltenen Aufgaben, bei denen es darauf ankommt, 8 mal 8 quadratisch geordnete Silben zu einem Verse zusammenzusetzen, dass je zwei aufeinanderfolgende Silben in zwei Feldern stehen, die derartig zu einander liegen, dass der Springer des Schachspiels von dem einen zu dem andern springen darf? Ersetzt man dabei die aufeinanderfolgenden 64 Silben durch die Zahlen von 1 bis 64, so erhält man einen Zahlen-Rösselsprung. Es giebt zwar auch Methoden, derartige Rösselsprünge, die dann die Grundlagen zu den Aufgaben in den Zeitschriften bilden, zusammenzusetzen. Doch werden die meisten solcher Rösselsprünge mehr durch Probiren als methodisch geschaffen. Ist es nun schon eine harte Geduldsprobe, durch Probiren einen Rösselsprung zu formiren, so ist es natürlich eine noch viel härtere Geduldsprobe, zugleich dafür zu sorgen, dass die den Rösselsprung bildenden 64 Zahlen auch noch ein magisches Quadrat darstellen. Dieser Geduldsprobe hat sich ein auf dem Lande lebender mährischer pensionirter Beamter, namens Wenzelides, vor mehreren Dezennien unterzogen. Nach Jahre hindurch dauernden Versuchen ist es ihm gelungen, in die 64 Felder des Schachbretts die Zahlen von 1 bis 64 so einzuschreiben, dass die aufeinanderfolgenden Zahlen, und auch 64 und 1, immer um einen Springerzug abstehen, und dass ausserdem die horizontalen und die vertikalen Reihen immer dieselbe Summe 260 ergeben. Er fand schliesslich mehrere solcher Quadrate, welche die Berliner Schachzeitung veröffentlichte. Das eine dieser Quadrate sieht so aus:

| 47 | 10 | 23 | 64 | 49 | 2 | 59 | 6 |
|---|---|---|---|---|---|---|---|
| 22 | 63 | 48 | 9 | 60 | 5 | 50 | 3 |
| 11 | 46 | 61 | 24 | 1 | 52 | 7 | 58 |
| 62 | 21 | 12 | 45 | 8 | 57 | 4 | 51 |
| 19 | 36 | 25 | 40 | 13 | 44 | 53 | 30 |
| 26 | 39 | 20 | 33 | 56 | 29 | 14 | 43 |
| 35 | 18 | 37 | 28 | 41 | 16 | 31 | 54 |
| 38 | 27 | 34 | 17 | 32 | 55 | 42 | 15 |

Man beachte also sowohl den Rösselsprung wie auch die Gleichsummigkeit der horizontalen und der vertikalen Reihen. Was die diagonalen Reihen anbetrifft, so geben sie n i c h t die Summe 260. Vielleicht verlockt es einen unserer Leser, der Zeit und Geduld dazu hat, Wenzelides noch zu übertreffen, indem er einen Rösselsprung schmiedet, der nicht allein in den horizontalen und den vertikalen, sondern auch in den beiden diagonalen Reihen die Summe 260 liefert.

I. M a g i s c h e  P o l y g o n e. Bis jetzt haben wir nur solche Erweiterungen des dem magischen Quadrate zu Grunde liegenden Gedankens besprochen, bei denen die geometrische Figur des Quadrats festgehalten ist. Man kann jedoch auch Erweiterungen schaffen, bei denen statt eines Quadrats ein Rechteck oder ein Dreieck, Fünfeck u. s. w. auftritt. Ohne auf die Methoden zur Bildung solcher Figuren näher einzugehen, wollen wir hier nur einige von Herrn Scheffler gelieferte Beispiele solcher magischen Polygone anführen:

1. Die Zahlen von 1 bis 32 lassen sich zu 4 mal 8

so in ein Rechteck schreiben, dass die langen horizontalen Reihen die Summe 132 und die kurzen vertikalen Reihen die Summe 66 geben, nämlich:

| 1 | 10 | 11 | 29 | 28 | 19 | 18 | 16 |
|---|---|---|---|---|---|---|---|
| 9 | 2 | 30 | 12 | 20 | 27 | 7 | 25 |
| 24 | 31 | 3 | 21 | 13 | 6 | 26 | 8 |
| 32 | 23 | 22 | 4 | 5 | 14 | 15 | 17 |

2. Die Zahlen von 1 bis 27 lassen sich um einen Punkt als gemeinsames Centrum zu drei regulären Drei ecken gruppiren, so dass jede Seite des äussersten Dreiecks 6 Zahlen mit der Summe 96 und jede Seite des mittleren Dreiecks vier Zahlen mit der Summe 61 ergiebt, wie folgende Figur zeigt:

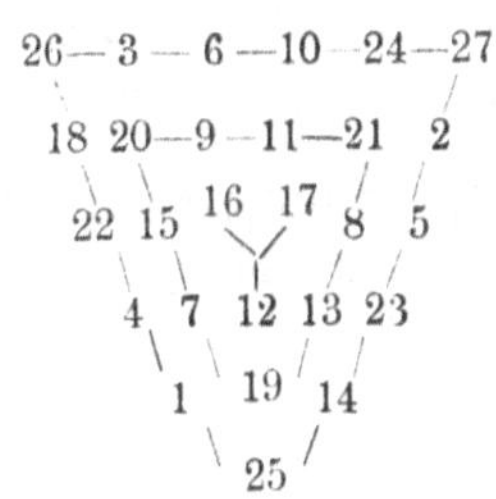


3. Die Zahlen von 1 bis 80 lassen sich um einen Punkt als gemeinsames Centrum zu vier Fünfecken formiren, sodass jede Seite des von innen ersten Fünfecks zwei Zahlen, des zweiten Fünfecks vier Zahlen, des dritten Fünfecks sechs Zahlen, des äussersten vierten Fünfecks acht Zahlen enthält. Die Summe der Zahlen jeder Seite des zweiten Fünfecks beträgt 122, jeder Seite des dritten Fünfecks 248 und jeder Seite des vierten Fünfecks 254. Dazu kommt, dass auch die Summe von je vier Eckzahlen, die mit dem Centrum in gerader Linie liegen, dieselbe ist, nämlich 92.

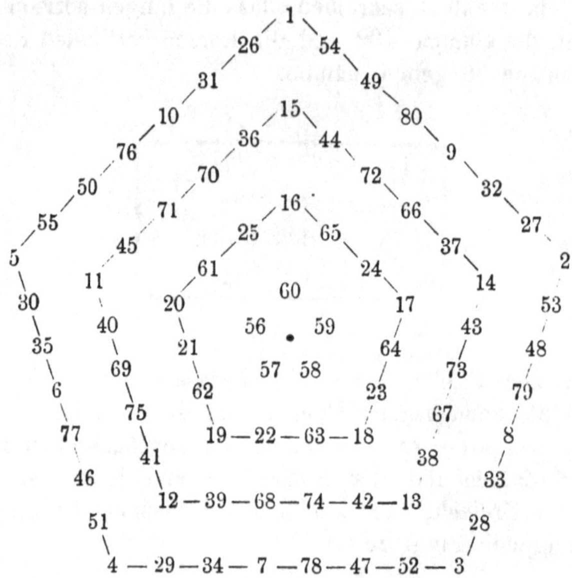

4. Die Zahlen von 1 bis 73 lassen sich um ein Centrum, in das die Zahl 37 geschrieben wird, zu drei Sechs-

Magisches Sechseck.

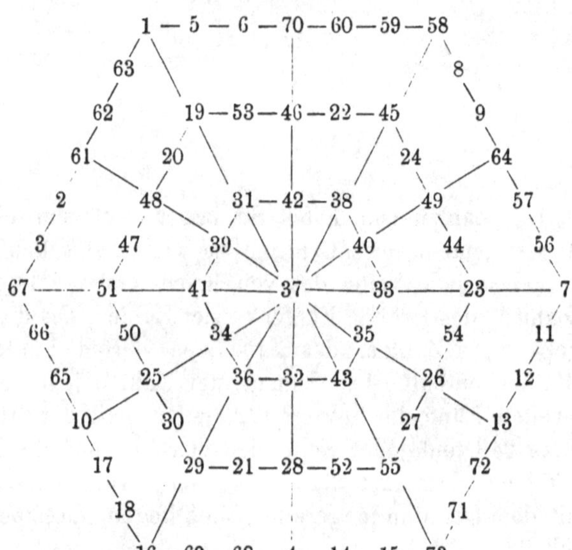

ecken gruppiren, welche beziehungsweise 3, 5, 7 Zahlen in jeder Seite enthalten und folgende hübsche Eigenschaften haben. Jedes Sechseck liefert nicht allein durch seine sechs Seiten, sondern auch durch seine sechs Eck-Durchmesser und seine sechs auf den Seiten senkrechten Durchmesser immer dieselbe Summe, welche für das von innen erste Sechseck 111, für das zweite 185 und für das dritte 259 beträgt.

K. Magische Würfel. Mehrere Forscher, namentlich Koschansky (1686), Sauveur (1710), Hugel (1859) und Scheffler (1882) haben das Princip der magischen Quadrate von der Ebene auf den Raum ausgedehnt. Man denke sich einen Würfel durch Ebenen, die parallel den Seitenflächen gehen und gleichen Abstand von einander haben, in lauter würfelförmige Fächer getheilt, und dann denke man sich die Aufgabe gestellt, den Fächern die aufeinanderfolgenden natürlichen Zahlen so einzufügen, dass jede Reihe von links nach rechts, jede von vorn nach hinten, jede von oben nach unten, jede Diagonale eines Quadrats und auch jede durch das Centrum des Würfels gehende Hauptdiagonale Zahlen enthält, deren Summe immer dieselbe bleibt. Für dreimaldreimaldrei Fächer lässt sich kein solcher magischer Würfel herstellen. Für viermalviermalvier Fächer kann man es erreichen, dass jede einer Würfelkante parallele Reihe und jede Hauptdiagonale die Summe 130 liefert. Um einen magischen Würfel mit 64 Fächern darzustellen, denken wir uns die in die Fächer gehörigen Zahlen oben auf dieselben aufgeschrieben, und dann je 16 Zahlen schichtenweise von oben nach unten abgehoben. So erhalten wir vier Quadrate von je 16 Feldern, die zusammen den magischen Würfel darstellen, wie folgendes Beispiel zeigt:

Erste Schicht von oben.

| | | | |
|---|---|---|---|
| 1 | 48 | 32 | 49 |
| 60 | 21 | 37 | 12 |
| 56 | 25 | 41 | 8 |
| 13 | 36 | 20 | 61 |

Zweite Schicht von oben.

| | | | |
|---|---|---|---|
| 63 | 18 | 34 | 15 |
| 6 | 43 | 27 | 54 |
| 10 | 39 | 23 | 58 |
| 51 | 30 | 46 | 3 |

Dritte Schicht von oben.

| | | | |
|---|---|---|---|
| 62 | 19 | 35 | 14 |
| 7 | 42 | 26 | 55 |
| 11 | 38 | 22 | 59 |
| 50 | 31 | 47 | 2 |

Unterste Schicht.

| | | | |
|---|---|---|---|
| 4 | 45 | 29 | 52 |
| 57 | 24 | 40 | 9 |
| 53 | 28 | 44 | 5 |
| 16 | 33 | 17 | 64 |

Es erscheint hier dieselbe Summe 130 nicht weniger als 52 mal, nämlich erstens aus 16 Reihen von links nach rechts, zweitens aus 16 Reihen von vorn nach hinten, drittens aus 16 Reihen von oben nach unten, und auch noch aus den vier Reihen, die zwei Gegenecken des Würfels verbinden, nämlich aus den Reihen 1, 43, 22, 64; 49, 27, 38, 16; 13, 39, 26, 52; 61, 23, 42, 4.

Für einen Würfel mit fünf Fächern an jeder Kante lässt es sich schon erreichen, dass alle 75 Reihen, die einer Kante parallel sind, dass alle 30 in einer Quadrat-Diagonale liegenden Reihen und dass alle vier eine Hauptdiagonale bildenden Reihen eine und dieselbe Summe, nämlich 315, bilden. Sowie die magischen Quadrate mit ungerader Felderzahl aus zwei Hilfsquadraten gebildet werden können, so können auch die magischen Würfel mit ungerader Fächerzahl aus drei Hilfswürfeln formirt werden. Auf diese Weise ist der folgende magische Würfel mit fünfmalfünfmalfünf Fächern gebildet, bei dem überdies die mittelste Zahl zwischen 1 und 125, nämlich 63 in das mittelste Fach gestellt ist, wodurch den vier Hauptdiago-

Erste Schicht von oben.

| | | | | |
|---|---|---|---|---|
| 121 | 27 | 83 | 14 | 70 |
| 10 | 61 | 117 | 48 | 79 |
| 44 | 100 | 1 | 57 | 113 |
| 53 | 109 | 40 | 91 | 22 |
| 87 | 18 | 74 | 105 | 31 |

Zweite Schicht von oben.

| | | | | |
|---|---|---|---|---|
| 2 | 58 | 114 | 45 | 96 |
| 36 | 92 | 23 | 54 | 110 |
| 75 | 101 | 32 | 88 | 19 |
| 84 | 15 | 66 | 122 | 28 |
| 118 | 49 | 80 | 6 | 62 |

Dritte Schicht von oben.

| | | | | |
|---|---|---|---|---|
| 33 | 89 | 20 | 71 | 102 |
| 67 | 123 | 29 | 85 | 11 |
| 76 | 7 | 63 | 119 | 50 |
| 115 | 41 | 97 | 3 | 59 |
| 24 | 55 | 106 | 37 | 93 |

Vierte Schicht von oben.

| | | | | |
|---|---|---|---|---|
| 64 | 120 | 46 | 77 | 8 |
| 98 | 4 | 60 | 111 | 42 |
| 107 | 38 | 94 | 25 | 51 |
| 16 | 72 | 103 | 34 | 90 |
| 30 | 81 | 12 | 68 | 124 |

Unterste Schicht.

| | | | | |
|---|---|---|---|---|
| 95 | 21 | 52 | 108 | 39 |
| 104 | 35 | 86 | 17 | 73 |
| 13 | 69 | 125 | 26 | 82 |
| 47 | 78 | 9 | 65 | 116 |
| 56 | 112 | 43 | 99 | 5 |

nalen und den 30 Nebendiagonalen die Erhaltung der Summe 315 gesichert wird. Die Bedingung, dass auch, wie bei den magischen Quadraten, die den Nebendiagonalen parallelen Diagonalen-Paare die Summe 315 liefern, ist hier noch nicht erreichbar, wohl aber bei grösserer Fächerzahl.

## VII. Boss-Puzzle oder Funfzehner-Spiel.

Seit Menschengedenken hat kein Geduldspiel ein derartiges Interesse bei der ganzen gebildeten Menschheit hervorgerufen, als in den Jahren 1879 und 1880 das in Deutschland unter dem Namen „Boss-Puzzle“, in Frankreich unter dem Namen „Jeu du Taquin“ (Neck-Spiel), in England unter dem Namen „Fifteenth-Puzzle“ eingeführte Spiel. Monate lang bildeten die an dieses Spiel sich anknüpfenden Erörterungen eine stehende Rubrik in Journalen und Zeitungen. In Hamburg ging das Interesse an dem Spiel soweit, dass man selbst in Pferdebahn-Wagen die kleinen Kästchen mit den 15 Holzklötzchen erblicken und unruhige Hände darin schieben sehen konnte. In manchen Comptoiren sah man Warnungen angeschlagen, welche den Comptoiristen bei sofortiger Entlassung verboten, Boss - Puzzle - Spiele mit in das Comptoir zu bringen, weil der Principal sich davor schützen musste, dass seine Angestellten die ihren kaufmännischen Pflichten gehörende Zeit auf das fesselnde Spiel verwandten. Der unternehmende Wirth des Elb-Pavillon veranstaltete ein grosses Boss-Puzzle-Tournier, zu dem mit amerikanischer Reclame eingeladen wurde; und an einem schönen Sonntag Nachmittag sah man im Elb-Pavillon viele Hunderte von Menschen an kleinen Tischen sitzen, auf denen Boss-Puzzle-Kästchen standen, und vergebliche Versuche machen, das vom Wirth gestellte, überall angeschlagene Boss-Puzzle-Problem zu lösen. Obwohl eine hohe Summe demjenigen versprochen war, der es zuerst gelöst hätte, war Niemand im Stande, den Preis zu erringen — aus dem einfachen Grunde, weil das Problem zu den unlösbaren gehörte, wie aus dem Folgenden hervorgehen wird. —

Aber auch ernste Gelehrte widmeten dem neuen Geduldspiel ihr Interesse und ihre Zeit. Die erste mathematische Behandlung des Spiels erschien schon 1879 in dem „American Journal of mathematics pure and applied" (Baltimore 1879), und hatte den Mathematiker Woolsey Johnson zum Verfasser. Eine Verallgemeinerung der Theorie dieses Gelehrten veröffentlichte dann in demselben Journal Professor Story. In Deutschland gab der Verfasser dieser Artikel eine gemeinverständliche, sich ausschliesslich an die Laien wendende Erörterung des Spiels. Dieselbe erschien 1880 in Hamburg als kleine Broschüre mit dem Titel „Theoretische Entscheidung über das Boss-Puzzle-Spiel, allgemeinverständlich dargestellt mit Anleitung zur schnellen Bildung lösbarer und unlösbarer Aufgaben." Der Ertrag war für das Hamburger Lessing-Denkmal bestimmt. In den folgenden Auseinandersetzungen schliesst sich der Verfasser im wesentlichen an die in diesem Büchelchen niedergelegten Erörterungen an, da die von Anderen aufgestellten theoretischen Prüfungen des Spiels für Nicht-Mathematiker schwerer verständlich sind.

Mit Recht wird man nach dem genialen Erfinder dieses fesselnden Geduldspiels fragen. Darüber ist nichts weiter bekannt, als was der Mathematiker Sylvester, Professor an der Hopkins-Universität zu Baltimore, auf der Jahres-Versammlung der „Association française pour l'avancement des sciences“ in Reims mittheilte. Danach soll im December 1878 das Spiel von einem taubstummen Amerikaner erfunden sein, als derselbe Nummern, die in einem Kästchen lagen und in Unordnung gerathen waren, in die natürliche Reihenfolge bringen sollte. Aus irgend welchem Grunde nahm er eine Nummer heraus, und suchte nun durch blosses Schieben sein Ziel zu erreichen.

Wir gehen nun zu der Erörterung des ursprünglichen Boss-Puzzle-Problems über. Dasselbe verlangt, in einem quadratischen Kästchen, welches für 16 gleich grosse Steine mit quadratischer Oberfläche gerade Platz hat, aber nur 15 solche mit den Zahlen von 1 bis 15 beschriebene und sich berührende Steine enthält, diese Steine, wenn sie beliebig liegen, durch **blosses Verschieben** so zu ändern, dass die folgende Figur entsteht:

| 1 | 2 | 3 | 4 |
|---|---|---|---|
| 5 | 6 | 7 | 8 |
| 9 | 10 | 11 | 12 |
| 13 | 14 | 15 | leer |

Die durch diese Figur bestimmte Stellung der 15 Steine zu einander wollen wir die reguläre Stellung nennen. Beispielsweise sei die folgende Stellung durch Verschieben in die reguläre überzuführen:

| | | | |
|---|---|---|---|
| 1 | 6 | 2 | 3 |
| 5 | 10 | 7 | 4 |
| 11 | 8 | 12 | 15 |
| 9 | 13 | 14 | |

Unter anderm wird man dieses Problem dadurch lösen können, dass man bei der gegebenen Anfangs-Stellung zunächst den mit 15 beschriebenen Stein auf das leere Feld rückt, dann die drei Steine 11, 8, 12 nach rechts schiebt. Aus der so gewonnenen Stellung

| | | | |
|---|---|---|---|
| 1 | 6 | 2 | 3 |
| 5 | 10 | 7 | 4 |
| | 11 | 8 | 12 |
| 9 | 13 | 14 | 15 |

kann man nach und nach die folgenden Stellungen leicht durch Schieben erreichen:

| | | | |
|---|---|---|---|
| 1 | 6 | 2 | 3 |
| 5 | 10 | 7 | 4 |
| 9 | 11 | 8 | 12 |
| 13 | 14 | 15 | |

| | | | |
|---|---|---|---|
| 1 | 6 | 2 | 3 |
| 5 | 10 | 7 | 4 |
| 9 | 11 | | 8 |
| 13 | 14 | 15 | 12 |

| | | | |
|---|---|---|---|
| 1 | | 2 | 3 |
| 5 | 6 | 7 | 4 |
| 9 | 10 | 11 | 8 |
| 13 | 14 | 15 | 12 |

| | | | |
|---|---|---|---|
| 1 | 2 | 3 | 4 |
| 5 | 6 | 7 | |
| 9 | 10 | 11 | 8 |
| 13 | 14 | 15 | 12 |

woraus nun durch Aufwärts-Schieben der Steine 8 und 12 die reguläre Stellung sofort erreicht werden kann.

Es fragt sich zunächst, wieviel Probleme möglich sind, d. h. wieviel verschiedene Anordnungen sich den 15 Steinen geben lassen, wobei vorausgesetzt werden soll, dass bei jedem Problem das leere Feld, wie bei der regulären Stellung, rechts unten ist. Wir kommen in das Gebiet der Permutationslehre. Zunächst sieht man ein, dass zwei Dinge a und b nur zwei Anordnungen a b und b a haben können. Bei drei Dingen giebt es schon dreimal soviel, also 6, weil a vor b c und vor c b gesetzt werden kann, und ebenso zwei Anordnungen da sind, die mit b anfangen, sowie zwei, die mit c anfangen. Hieraus folgt wieder, dass vier Dinge a, b, c, d viermalsoviel, also $4 \times 3 \times 2 = 24$ verschiedene Anordnungen haben können. Und so muss diese Schlussfolge beliebig fortgesetzt werden können. Also kann man den 15 Steinen im Ganzen

$$2 \times 3 \times 4 \times 5 \times 6 \times 7 \times 8 \times 9 \times 10 \times 11 \times 12 \times 13 \times 14 \times 15$$

Anordnungen geben. Rechnet man dieses Multiplications-Exempel aus, so erhält man die stattliche Anzahl von

1 Billion 307 674 Millionen und 365 000

Boss-Puzzle-Aufgaben. Dieselbe Zahl ergiebt sich natürlich auch, wenn man fragt, wieviel Platz-Verschiedenheiten eine Tischgesellschaft von 15 Personen haben kann, wobei es natürlich schon als eine neue Platzordnung gerechnet ist, wenn nur zwei Personen ihre Plätze geändert haben. Wollte also eine solche Tischgesellschaft alle Tage anders sitzen, so brauchte sie über 3600 Millionen Jahre dazu, alle möglichen Anordnungen durchzusitzen; und selbst, wenn die 15 Personen im Stande wären, alle Secunde eine neue Ordnung einzunehmen, so würden sie ohne Unterbrechung über 41 000 Jahre daran arbeiten müssen, ehe sie alle denkbaren Platzverschiedenheiten durchprobirt hätten. Dieses Beispiel giebt vielleicht eine Ahnung von der Grösse der berechneten Zahl aller möglichen Boss-Puzzle-Aufgaben.

Wer eine dieser Aufgaben zu lösen unternimmt, wird bald die ersten 12 Steine auf ihre richtigen Plätze durch Schieben bringen können. Dann aber wird er in der vierten Reihe eine der folgenden 6 Stellungen erhalten müssen:

1) 13, 14, 15; 2) 14, 15, 13; 3) 15, 13, 14;
4) 13, 15, 14; 5) 14, 13, 15; 6) 15, 14, 13.

Die Praxis wird dann Jedem bald zeigen, dass man das durch die erste Stellung angegebene Ziel auch bei der zweiten und dritten Stellung durch Mitbenutzung der Steine 9, 10, 11, 12 der dritten Reihe erreichen kann, und zwar nach mindestens 18maligem Rücken eines Steines, dass man aber bei der vierten, fünften und sechsten der 6 angegebenen Stellungen die geforderte reguläre Stellung nicht erreichen kann. Die Lösung einer solchen Aufgabe kann nur durch Betrug oder Taschenspielerei bewerkstelligt werden. Man gelangt nämlich immer dann zur Lösung, wenn man irgendwann, statt zu schieben, einmal zwei Steine ihre Plätze wechseln lässt.

Um der Theorie der Boss-Puzzle-Aufgaben näher treten zu können, gehen wir von folgenden einfachen Ueberlegungen aus. Unter „Zug“ im Boss-Puzzle-Spiel verstehen wir die Verschiebung eines Steines auf den benachbarten leeren Platz. Bewegen wir nun einen Stein von seinem anfänglichen Platze fort, schieben dann so, dass er weiter wandern kann, und lassen ihn nun so beliebige und beliebig unterbrochene Wanderungen ausführen, aber derartig, dass er schliesslich einmal auf seinen alten Platz zurückkehrt, so hat der Stein immer eine gerade Anzahl von Zügen ausgeführt, gleichviel, welche Platz-Aenderungen die übrigen Steine dabei erhalten haben. Denn jeder Zug in horizontaler oder vertikaler Richtung muss irgendwann und irgendwo einmal wieder durch eine parallele Verschiebung in entgegengesetzter Richtung rückgängig gemacht sein. Was hiermit von einem Stein als richtig erkannt ist, muss auch für das leere Feld gelten, welches ja auch bei jedem Zuge horizontal oder vertikal um einen Schritt vorwärts oder rückwärts wandert. Hieraus geht aber folgende Wahrheit hervor: „Wird eine Stellung der 15 Steine durch beliebig fortgesetzte Verschiebung in eine andere Stellung übergeführt, bei welcher der leere Platz wieder da ist, wo er vorher war, so ist die Gesammtsumme aller der während der Ueberführung der einen Stellung in die andere ausgeführten Züge eine gerade Zahl. Bei jeder solchen Verschiebung kann man sich denken, dass der zuerst auf den leeren Platz unten rechts gerückte Stein nach einander mit sämmtlichen sonst noch gezogenen Steinen den Platz wechselt. Beispielsweise ziehen wir, von der regulären Stellung ausgehend, nach einander die Steine:

12, 8, 7, 3, 2, 6, 10, 14, 15, 12,

sodass wir als neue Stellung erhalten:

| | | | |
|---|---|---|---|
| 1 | 6 | 2 | 4 |
| 5 | 10 | 3 | 7 |
| 9 | 14 | 11 | 8 |
| 13 | 15 | 12 | |

Die vorgenommene Verschiebung können wir uns nun durch eine Vertauschungs-Folge ersetzt denken, wenn wir uns vorstellen, dass der leere Platz immer von dem zuerst gezogenen Stein 12 besetzt ist. Stein 12 tauscht dann zuerst mit 8, dann mit 7, dann mit 3, mit 2, mit 6, mit 10, mit 14, endlich mit 15. Es sind also bei den 10 Zügen 8 Platzwechsel vorgekommen, nämlich 2 Platzwechsel weniger als Züge, weil das Hineinrücken der 12 in den leeren Platz und das Entfernen von demselben keinen Tausch von Steinen veranlasst. So muss es aber bei jeder noch so complicirten Verschiebung sein; immer kann man sagen, dass der zuerst auf den leeren Platz gerückte Stein mit allen sonst noch gezogenen Steinen tauscht. Dabei ist die Zahl der gedachten Vertauschungen immer um 2 kleiner als die Zahl der Züge. Da nun die Zahl der Züge, wie schon oben eingesehen ist, eine gerade sein muss, eine um 2 verminderte gerade Zahl wieder gerade ist, so ist auch die Zahl der vorgekommenen Vertauschungen eine gerade. Statt die Vertauschung mit Stein 12 zu beginnen, kann ich sie natürlich mit irgend einem der gezogenen Steine beginnen, z. B. mit 3. Es tauscht dann 3 mit 2, dann mit 6, mit 10, mit 14, mit 15, dann über das leere Feld schräg mit 12, dann mit 8, dann mit 7. Oft kehren Steine im Laufe der Verschiebungen wieder an ihre Plätze zurück. Da sie dazu eine gerade Zahl von Zügen brauchen, so bleibt die Zahl der Vertauschungen gerade, wenn man solche Vertauschungen, die aus rückkehrenden Steinen entstanden sind, nicht mitzählt. Zieht man z. B., von der regulären Stellung ausgehend, nach einander die Steine

15, 14, 10, 11, 7, 6, 11, 10, 14, 15,

so kann man, statt 15 mit 14, dann mit 10, mit 11, mit 7, mit 6, mit 11, mit 10, endlich mit 14 tauschen zu lassen, auch bloss 11 mit 7 und dann 11 mit 6 tauschen lassen, um die neue Stellung zu erzielen. Jedenfalls erhält man auch dann eine gerade Zahl von Vertauschungen. Wenn also zwei Stellungen durch Verschiebung aus einander hervorgehen, so kann man sie auch durch eine gerade Zahl von Vertauschungen zweier benachbarter Steine in einander überführen. Befolgt man dabei nun nicht gerade die aus der Verschiebung selbst resultirende Vertauschungs-Ordnung, sondern irgend welche andere, bei der man aber auch das Ziel erreicht, so hat man vielleicht mehr oder weniger Vertauschungen gemacht, jedenfalls aber eine gerade Anzahl mehr oder weniger, weil man eine gerade Anzahl von Vertauschungen vornehmen muss, um aus einer gewissen Anordnung von Dingen dieselbe Anordnung wieder zu erhalten. Hieraus kann man also die folgende Wahrheit schliessen: Ist eine alte Stellung der 15 Steine des Boss-Puzzle durch blosses Verschieben in eine neue übergeführt, bei welcher der leere Platz wieder auf sein altes Feld zurückgekehrt ist, so muss die Zahl der Vertauschungen, die man mit je zwei benachbarten Steinen vornehmen muss, um ebenfalls aus der alten Stellung die neue zu erhalten, gerade sein.

Wenn man nun zwei nicht benachbarte Steine ihre Plätze wechseln lässt, z. B. bei der regulären Stellung 2 und 11, so kann man diesen Tausch auch durch mehrmalige Vertauschung je zweier benachbarter Steine ersetzen. Man hat nämlich 2 mit 3, 2 mit 7, 2 mit 11 und dann nur noch 7 mit 11, 7 mit 2 die Plätze wechseln zu lassen.

Man sieht also, dass die Vertauschung zweier nicht benachbarter Steine immer dadurch geleistet werden kann, dass man soviel Vertauschungen je zweier Nachbarsteine vornimmt, als die um 1 verminderte doppelte Anzahl der Züge beträgt, welche man von dem Platz des einen Steins zum Platz des andern Steins machen müsste. Wenn man also eine Vertauschung zweier nicht benachbarter Steine an die Stelle zweier benachbarter Steine setzt, so fügt man dadurch immer eine gerade Anzahl von Vertauschungen zweier benachbarter Steine hinzu. Dieses Resultat giebt im Verein mit der oben erkannten Wahrheit das folgende wichtige Resultat:

Wenn man zwei durch blosses Verschieben in einander überführbare Stellungen der 15 Steine des Boss-Puzzle dadurch in einander überführt, dass man auf irgend welche Weise immer je zwei beliebige Steine mit einander vertauscht, so nimmt man stets eine gerade Zahl von Vertauschungen vor.

Es wird zweckmässig sein, dieses Resultat durch einige Beispiele zu erhärten:

1) Man gehe von der regulären Lage der Steine aus, schiebe auf den leeren Platz den Stein 12, auf den dann leer gewordenen Platz den Stein 11, auf den so erhaltenen leeren Platz den Stein 15 und auf dessen Platz den Stein 12. Dann kann man diese auch dadurch bewirken, dass man erst Stein 11 und 12 ihre Plätze wechseln lässt und darauf Stein 12 mit Stein 15 vertauscht. Man hat dann zwei, also eine gerade Zahl, von Vertauschungen vorgenommen.

2) Man gehe wieder von der regulären Stellung aus, rücke auf den leeren Platz den Stein 15 und dann immer auf den jedesmal leer gewordenen Platz die Steine

14, 10, 11, 7, 6, 11, 10, 14, 15.

Dann kann man die neue Stellung natürlich auch erreichen, wenn man den Stein 15 nach einander mit

14, 10, 11, 7, 6, 11, 10, 14 austauscht. So führt man 8 Vertauschungen aus. Da jedoch die erste Vertauschung der Steine 15 und 14 durch die letzte von 14 und 15 wieder rückgängig gemacht wird, und dasselbe dann für die zweite und vorletzte, sowie für die dritte und drittletzte Vertauschung gilt, so kann man statt durch 8 auch durch 3 mal 2 weniger, also nur durch 2 Vertauschungen die neue Stellung erzielen. Man braucht nämlich nur 11 mit 7 und dann 11 mit 6 den Platz wechseln zu lassen.

3) Man gehe von der regulären Stellung aus und rücke auf den jedesmal leeren Platz die Steine

12, 11, 10, 14, 15, 10, 14, 9, 13, 15, 10, 14,
9, 10, 15, 13, 10, 9, 11, 12.

Dadurch erhält man als neue Stellung:

| 1 | 2 | 3 | 4 |
|---|---|---|---|
| 5 | 6 | 7 | 8 |
| 10 | 9 | 11 | 12 |
| 13 | 15 | 14 | |

Diese neue Ordnung geht aber auch aus der alten durch zwei, also durch eine gerade Zahl von Vertauschungen hervor, nämlich durch den Platzwechsel der Steine 9 und 10, sowie der Steine 14 und 15.

4) Man verschiebe die Stellung

| 1 | 3 | 4 | 7 |
|---|---|---|---|
| 5 | 2 | | 8 |
| 9 | 6 | 11 | 12 |
| 13 | 14 | 10 | 15 |

in

| 1 | 2 | 3 | 4 |
|---|---|---|---|
| 5 | 6 | | 7 |
| 9 | 10 | 11 | 8 |
| 13 | 14 | 15 | 12 |

z. B. durch die Züge 11, 10, 15, 12, 8, 7, 4, 3, 2, 6, 10, 11. Wie man nun auch versuchen mag, durch Vertauschung von Steinen aus der alten Stellung die neue zu erreichen, immer wird man eine gerade Zahl von Vertauschungen vorzunehmen haben; z. B. kann man die Steine 15 und 4, 15 und 3, 15 und 10, dann 10 und 2, 10 und 6, dann

8 und 4, 8 und 12, endlich 7 und 4 ihre Plätze wechseln lassen.

Aus unseren obigen Ueberlegungen folgt auch die Umkehrung des erhaltenen Resultats, die wir hier aussprechen und durch Beispiele verdeutlichen wollen:

Eine alte Stellung der 15 Steine des Boss-Puzzle ist in eine neue Stellung überführbar oder nicht, je nachdem die Anzahl der irgend wie vorgenommenen Vertauschungen, welche gleichfalls aus der alten Stellung die neue herstellen können, gerade ausfällt oder nicht.

Hierzu einige Beispiele:

1) Die Preis-Aufgabe, welche 1880 im Elbpavillon zu Hamburg angeschlagen war (vergl. Einleitung), verlangte, die Stellung, bei welcher alle Steine bis 13 an ihren richtigen Plätzen waren, dagegen 15 und 14 vertauscht waren, in die reguläre Stellung überzuführen. Die Aufgabe war unlösbar, weil eine Vertauschung zweier Steine dasselbe bewirkt, und 1 eine ungerade Zahl ist. Aus demselben Grunde sind auch die beiden Aufgaben unlösbar, bei denen die Steine von 1 bis 12 an ihren richtigen Plätzen stehen, dann aber 14, 13, 15 oder 15, 14, 13 folgt. Dagegen sind lösbar die beiden Aufgaben, bei denen die Steine der ersten drei Reihen richtig stehen, dann aber

14, 15, 13 oder 15, 13, 14

folgt. Denn hier erreicht man durch zwei Vertauschungen die reguläre Stellung 13, 14, 15, und 2 ist eine gerade Zahl.

2) Man hat sich die Aufgabe gestellt, durch Verschieben die erste der beiden folgenden Stellungen in die andere überzuführen:

| | | | | | | | | |
|---|---|---|---|---|---|---|---|---|
| 1 | 2 | 3 | 4 | | 4 | 3 | 2 | 1 |
| 5 | 6 | 7 | 8 | in | 5 | 14 | 13 | 12 |
| 9 | 10 | 11 | 12 | | 6 | 15 | | 11 |
| 15 | 14 | 13 | | | 7 | 8 | 9 | 10 |

Unsere oben gefundene Regel entscheidet sofort darüber, ob es möglich oder unmöglich ist. Man schiebe zunächst so, dass der leere Platz bei beiden Stellungen an demselben Orte ist, also etwa 12 auf den leeren Platz und auf den dadurch leer gewordenen Platz den Stein 11. Darauf kann man etwa so tauschen: 4 mit 1, 2 mit 3, 9 mit 6, 15 mit 7, 14 mit 8, 13 mit 9, 12 mit 10, 14 mit 12, 15 mit 13, 14 mit 15. Da man durch 10, also durch eine gerade Zahl von Vertauschungen auch zum Ziel gelangen kann, so ist die gestellte Aufgabe lösbar.

3) Um zu prüfen, ob man die Stellung:

| | | | |
|---|---|---|---|
| 4 | 3 | 2 | 1 |
| 8 | 7 | 6 | 5 |
| 12 | 11 | 10 | 9 |
| | 15 | 14 | 13 |

in die reguläre verschieben kann, schiebe man 13, 14, 15 nach links, so dass der leere Platz an seine richtige Stelle kommt. Dann erkennt man sofort, dass man nur die Steine 4 und 1, 3 und 2, 8 und 5, 7 und 6, 12 und 9, 11 und 10, 13 und 15 zu vertauschen braucht, um die reguläre Stellung zu erzielen. Da dies 7, also eine ungerade Zahl von Vertauschungen sind, so ist die Aufgabe unlösbar.

Aus den beiden oben als richtig erkannten Regeln folgt auch: 1) dass zwei Stellungen, welche sich durch Verschieben in eine und dieselbe dritte Stellung bringen lassen, in einander verschoben werden können; 2) dass zwei Stellungen, welche sich beide nicht durch Verschieben in eine und dieselbe dritte Stellung überführen lassen, in einander verschiebbar sind; 3) dass zwei Stellungen nicht in einander verschoben werden können, wenn sich die eine in dieselbe dritte Stellung überführen lässt, nicht aber die andere. Ebenso erkennt man nun leicht, dass jede nicht in die reguläre Stellung verschiebbare Stellung zu einer doch so verschiebbaren wird, wenn man einmal oder eine ungerade Anzahl Male entweder zwei Steine vertauscht oder, was auf dasselbe hinauskommt, einen Stein oder eine ungerade Anzahl von Steinen überspringt.

Wenn bei einer Boss-Puzzle-Aufgabe, welche die Verschiebung in die reguläre Stellung verlangt, viele Steine zufällig auf ihren richtigen Plätzen liegen, so wird man schnell die Zahl der Vertauschungen übersehen, die vorzunehmen sind, um die übrigen Steine richtig zu ordnen. Fällt jene Zahl gerade aus, so ist die Aufgabe lösbar, fällt sie ungerade aus, unlösbar. Wenn aber bei einer complicirteren Aufgabe sehr wenige oder gar kein Stein an seinem richtigen Platze liegt, so hätte man viele, höchstens freilich 15, Vertauschungen vorzunehmen, um die Entscheidung über die Lösbarkeit treffen zu können. Man kann aber in solchem Falle die Vertauschungen ordnungsmässig in Reihen zusammenfassen und so übersichtlicher gestalten, wie folgendes Beispiel zeigt: Es sei zu prüfen, ob die erste der beiden folgenden Stellungen in die zweite reguläre verschiebbar ist:

| | | | |
|---|---|---|---|
| 2 | 4 | 6 | 8 |
| 5 | 3 | 10 | 12 |
| 1 | 14 | 11 | 7 |
| 9 | 13 | 15 | |

in

| | | | |
|---|---|---|---|
| 1 | 2 | 3 | 4 |
| 5 | 6 | 7 | 8 |
| 9 | 10 | 11 | 12 |
| 13 | 14 | 15 | |

Da auf dem ersten Felde oben links der Stein 2 liegt, der Stein 1 aber liegen soll, so vertausche ich die beiden, dann lege ich Stein 2 an die Stelle, wo 4 liegt, den Stein 4 wieder dahin, wohin er gehört, also auf das Feld, wo Stein 8 liegt, dann werden in derselben Weise die Steine 12, 7, 10, 14, 13, 9 herausgenommen, und schliesslich wird der Stein 9 auf den Platz gelegt, wo anfänglich der Stein 1 lag. Auf diese Weise bilden die Steine 1, 2, 4, 8, 12, 7, 10, 14, 13, 9 einen V e r t a u s c h u n g s - k r e i s, der aus 9 Vertauschungen von 10 Steinen besteht. Ebenso bilden die Steine 3 und 6 einen zweiten Kreis, der aus einer Vertauschung von zwei Steinen besteht. Endlich bleiben noch drei Steine, nämlich 5, 11, 15, übrig, die schon auf ihren richtigen Plätzen liegen. Man kann also sagen, dass jeder dieser Steine einen Kreis von 0 Vertauschungen und einem Steine darstellt. Wir erkennen dabei, dass jeder solcher Vertauschungskreis einen Stein mehr umfasst, als Vertauschungen darin vorkommen. In unserem Beispiel haben wir 5 Vertauschungskreise, also im ganzen 5 Steine mehr als Vertauschungen. Folglich ist immer die Gesammtzahl der Vertauschungen gleich dem Ueberschuss der Steinzahl über die Zahl der Vertauschungskreise, d. h. bei uns gleich 15 weniger 5, oder 10. Da 10 gerade ist, so ist die Aufgabe lösbar. So haben wir die folgende Hauptregel gewonnen:

Eine Boss-Puzzle-Stellung ist in eine andere verschiebbar oder nicht, je nachdem der Ueberschuss der Steinzahl (beim gewöhnlichen Boss-Puzzle 15) über die Zahl der Vertauschungskreise, die man durchwandern muss, um die eine Stellung in die andere überzuführen, gerade ausfällt oder ungerade.

Diese Hauptregel ermöglicht die denkbar schnellste Entscheidung über die Lösbarkeit von Boss-Puzzle-Aufgaben. Man verfährt behufs dessen am zweckmässigsten, wenn man sich die beiden Stellungen, die in einander verschoben werden sollen, der Reihe der Zahlen nach, unter einander schreibt. Dann kann man mit dem Auge schnell und sicher die Vertauschungskreise erkennen, und demgemäss nach dem obigen Satze die Entscheidung treffen. Dies verdeutlichen folgende Beispiele:

1) Es sei zu prüfen, ob die erste der beiden folgenden Stellungen in die zweite reguläre verschiebbar ist:

| | | | |
|---|---|---|---|
| 6 | 8 | 12 | 11 |
| 5 | 14 | 4 | 1 |
| 13 | 15 | 2 | 9 |
| 3 | 10 | 7 | |

in

| | | | |
|---|---|---|---|
| 1 | 2 | 3 | 4 |
| 5 | 6 | 7 | 8 |
| 9 | 10 | 11 | 12 |
| 13 | 14 | 15 | |

Dann schreibe man die beiden Stellungen in folgender Weise:

| 6 | 8 | 12 | 11 | 5 | 14 | 4 | 1 | 13 | 15 | 2 | 9 | 3 | 10 | 7 |
|---|---|---|---|---|---|---|---|---|---|---|---|---|---|---|
| 1 | 2 | 3 | 4 | 5 | 6 | 7 | 8 | 9 | 10 | 11 | 12 | 13 | 14 | 15 |

Nun erkennt man leicht die folgenden Vertauschungskreise:

1) 1, 6, 14, 10, 15, 7, 4, 11, 2, 8;
2) 3, 12, 9, 13;
3) 5.

Die Zahl 3 der Vertauschungskreise, abgezogen von der Steinzahl 15, giebt die gerade Zahl 12; also sind die beiden Stellungen in einander verschiebbar.

2) Man habe zu prüfen, ob die beiden folgenden Stellungen in einander verschiebbar sind:

| 14 | 2 | 13 | 1 |
|---|---|---|---|
| 9 | 8 | 3 | 6 |
| 4 | 7 | 5 | 12 |
| 11 | 15 | 10 | |

und

| 13 | 5 | 11 | 4 |
|---|---|---|---|
| 14 | 3 | 6 | 8 |
| 2 | 7 | 1 | 12 |
| 15 | 10 | 9 | |

Man schreibe die in gleichliegenden Feldern stehenden Zahlen unter einander, um die Vertauschungskreise leichter zu erkennen. Also:

| 14 | 2 | 13 | 1 | 9 | 8 | 3 | 6 | 4 | 7 | 5 | 12 | 11 | 15 | 10 |
|---|---|---|---|---|---|---|---|---|---|---|---|---|---|---|
| 13 | 5 | 11 | 4 | 14 | 3 | 6 | 8 | 2 | 7 | 1 | 12 | 15 | 10 | 9 |

Man erkennt nun leicht die folgenden Vertauschungskreise:

1) 13, 14, 9, 10, 15, 11;
2) 5, 2, 4, 1;
3) 3, 8, 6;
4) 7;
5) 12.

Wir haben also 5 Vertauschungskreise bei 15 Steinen, 15 minus 5 giebt eine gerade Zahl. Daher lautet die Entscheidung, dass die vorgelegten Stellungen in einander verschiebbar sind.

Unsere Regel giebt uns auch die Entscheidung darüber an die Hand, ob bei einer vorliegenden Stellung des

Boss-Puzzle die Steine in richtige Reihenfolge gebracht werden können, ohne dass gerade die Stellung erzielt wird, die oben als regulär bezeichnet ist. Es giebt im ganzen 8 Stellungen, bei denen man sagen kann, dass die Zahlen auf den Steinen in natürlicher Reihenfolge stehen; und unsere Regel ergiebt dann leicht, dass diese 8 Stellungen in zwei Gruppen von je 4 so zerfallen, dass die vier Stellungen jeder Gruppe in einander verschiebbar sind, dass aber keine Stellung einer Gruppe in eine Stellung der andern verschiebbar ist. Die beiden Gruppen sind folgende:

Gruppe A.

| 1 | 2 | 3 | 4 |
|---|---|---|---|
| 5 | 6 | 7 | 8 |
| 9 | 10 | 11 | 12 |
| 13 | 14 | 15 | |

| 1 | 5 | 9 | 13 |
|---|---|---|---|
| 2 | 6 | 10 | 14 |
| 3 | 7 | 11 | 15 |
| 4 | 8 | 12 | |

| | 12 | 8 | 4 |
|---|---|---|---|
| 15 | 11 | 7 | 3 |
| 14 | 10 | 6 | 2 |
| 13 | 9 | 5 | 1 |

| | 15 | 14 | 13 |
|---|---|---|---|
| 12 | 11 | 10 | 9 |
| 8 | 7 | 6 | 5 |
| 4 | 3 | 2 | 1 |

Gruppe B.

| 4 | 3 | 2 | 1 |
|---|---|---|---|
| 8 | 7 | 6 | 5 |
| 12 | 11 | 10 | 9 |
| | 15 | 14 | 13 |

| 13 | 9 | 5 | 1 |
|---|---|---|---|
| 14 | 10 | 6 | 2 |
| 15 | 11 | 7 | 3 |
| | 12 | 8 | 4 |

| 4 | 8 | 12 | |
|---|---|---|---|
| 3 | 7 | 11 | 15 |
| 2 | 6 | 10 | 14 |
| 1 | 5 | 9 | 13 |

| 13 | 14 | 15 | |
|---|---|---|---|
| 9 | 10 | 11 | 12 |
| 5 | 6 | 7 | 8 |
| 1 | 2 | 3 | 4 |

Da jede beliebige Stellung, die nicht in eine bei Gruppe A angegebene Stellung durch Verschieben gebracht werden kann, nothwendig in eine Stellung der Gruppe B verschiebbar sein muss, so kann man jede Boss-Puzzle-Aufgabe lösbar nennen, wenn man unter „lösen“ versteht, die gegebene Stellung in irgend eine der obigen acht Stellungen zu verschieben. Da zwei Stellungen der Gruppe B aus der regulären Stellung hervorgehen, indem man dieselbe in einem Spiegel betrachtet, der senkrecht auf der Ebene des Boss-Puzzle-Quadrats und parallel einer Seite desselben ist, so kann man auch sagen, dass jede Stellung der 15 Steine durch Verschieben in eine Stellung gebracht werden kann, die entweder selbst regulär ist, oder, in einem Spiegel betrachtet, regulär erscheint.

Bisher haben wir das Boss-Puzzle-Spiel immer nur unter der Annahme betrachtet, dass 15 Steine in einem Kästchen liegen, der für 4 mal 4 Steine Platz hat. Es lassen sich jedoch alle obigen Erörterungen ohne Weiteres auf den Fall ausdehnen, dass das quadratische oder rechteckige Kästchen für beliebig viele Steine Platz hat, und einen Stein weniger wirklich enthält. Namentlich gilt für diesen allgemeinen Fall auch die oben bewiesene Hauptregel ganz unverändert, wie folgende Beispiele zeigen:

1) Es sei zu prüfen, ob verschoben werden kann:

| 5 | 2 | 8 |
|---|---|---|
| 3 | 7 | 6 |
| 1 | 4 |  |

in

| 1 | 2 | 3 |
|---|---|---|
| 4 | 5 | 6 |
| 7 | 8 |  |

Aus der bequemeren Schreibweise

| 5 | 2 | 8 | 3 | 7 | 6 | 1 | 4 |
|---|---|---|---|---|---|---|---|
| 1 | 2 | 3 | 4 | 5 | 6 | 7 | 8 |

ergeben sich vier Vertauschungskreise, nämlich:

1) 1, 5, 7; 2) 2; 3) 3, 8, 4; 4) 6.

Da die Steinzahl 8 beträgt, und 8 weniger 4 eine gerade Zahl ist, so sind die beiden Stellungen in einander verschiebbar.

2) Es sei zu entscheiden, ob die beiden folgenden Stellungen durch Schieben in einander übergeführt werden können:

| | | | | | | |
|---|---|---|---|---|---|---|
| 1 | 2 | 3 | | 1 | 2 | 3 |
| 4 | 5 | 6 | | 16 | 15 | 4 |
| 7 | 8 | 9 | | 17 | 14 | 5 |
| 10 | 11 | 12 | in | 18 | 13 | 6 |
| 13 | 14 | 15 | | 19 | 12 | 7 |
| 16 | 17 | 18 | | 20 | 11 | 8 |
| 19 | 20 | | | | 10 | 9 |

Schiebt man bei der zweiten Stellung die Steine 10 und 9 beide nach links, damit der leere Platz bei beiden Stellungen gleich liegt, so hat man zu schreiben:

| 1 | 2 | 3 | 4 | 5 | 6 | 7 | 8 | 9 | 10 | 11 | 12 | 13 | 14 | 15 | 16 | 17 | 18 | 19 | 20 |
|---|---|---|---|---|---|---|---|---|---|---|---|---|---|---|---|---|---|---|---|
| 1 | 2 | 3 | 16 | 15 | 4 | 17 | 14 | 5 | 18 | 13 | 6 | 19 | 12 | 7 | 20 | 11 | 8 | 10 | 9 |

Hieraus gehen die folgenden 4 Vertauschungskreise hervor:

1) 1; 2) 2; 3) 3; 4) 4, 16, 20, 9, 5, 15, 7, 17, 11, 13, 19, 10, 18, 8, 14, 12, 6.

Da 20 weniger 4 eine gerade Zahl ergiebt, so ist die gestellte Frage mit ja zu beantworten.

Zum Schluss wollen wir noch kurz eine Boss-Puzzle-Spielerei besprechen, welche bald nach Erfindung des gewöhnlichen Boss-Puzzle-Spiels auftauchte und auch das Interesse und die Geduld vieler Menschen in Anspruch nahm. Man brachte nämlich das Spiel in Verbindung mit dem Problem*) der magischen Quadrate und verlangte, die reguläre Stellung der 15 Steine derartig zu verschieben, dass, wenn man sich das leere Feld durch die Zahl 16 besetzt denkt, die Summe der 4 Zahlen in jeder horizontalen, verticalen oder diagonalen Richtung immer gleich

*) Dieses Problem ist in dem vorigen Artikel behandelt.

ausfällt. Dieses Problem möchte der Verfasser dahin verbessern, dass man sich das leere Feld gar nicht besetzt denke, und demgemäss es beim Addiren nicht mitrechne. Die Lösung des so verbesserten Problems ist im wesentlichen ganz dieselbe, wie die Lösung des ursprünglich gestellten. Am einfachsten entsteht ein magisches Quadrat von 16 mit den Zahlen von 0 bis 15, indem man diese Zahlen sich der Reihe nach in die 16 Felder geschrieben denkt, bei den 8 Feldern aber, die nicht die Mitte und die Ecken bilden, die Zahl wählt, welche sich ergiebt, wenn man die eigentlich hineingehörige von 15 abzieht. Demnach handelt es sich darum, etwa die beiden folgenden Stellungen in einander überzuführen:

| | | | |
|---|---|---|---|
| 1 | 2 | 3 | 4 |
| 5 | 6 | 7 | 8 |
| 9 | 10 | 11 | 12 |
| 13 | 14 | 15 | |

in

| | | | |
|---|---|---|---|
| 15 | 1 | 2 | 12 |
| 4 | 10 | 9 | 7 |
| 8 | 6 | 5 | 11 |
| 3 | 13 | 14 | |

Das zweite Quadrat erfüllt die gestellte Bedingung, indem sich immer die Summe 30 ergiebt, gleichviel, ob man horizontal, vertical oder diagonal addirt. Es fragt sich aber, ob die Ueberführung der einen Stellung in die andere durch Verschieben möglich ist. Unsere Hauptregel verneint diese Frage, da es 4 Vertauschungskreise giebt. Hieraus können wir aber schliessen, dass sich die reguläre Stellung in das Spiegelbild der zweiten Stellung verschieben lässt. Es kann also die reguläre Stellung durch Schieben in das folgende auch magische Quadrat verwandelt werden:

| | | | |
|---|---|---|---|
| 12 | 2 | 1 | 15 |
| 7 | 9 | 10 | 4 |
| 11 | 5 | 6 | 8 |
| | 14 | 13 | 3 |

Ebenso wird man leicht finden, dass die reguläre Stellung von 8 Steinen in ein magisches Quadrat mit der constanten Summe 12 verschoben werden kann, nämlich:

| | | |
|---|---|---|
| 1 | 2 | 3 |
| 4 | 5 | 6 |
| 7 | 8 | |

in

| | | |
|---|---|---|
| 3 | 8 | 1 |
| 2 | 4 | 6 |
| 7 | | 5 |

## VIII. Das Nonnenspiel. (Solitärspiel.)

Wer hat nicht in seiner Kindheit einmal das Geduldspiel geschenkt bekommen, das in Nord-Deutschland Nonnenspiel und sonst meist Solitärspiel genannt wird? Es besteht aus einem Kästchen, in welchem sich 32 Holz-Pflöckchen befinden, und in dessen Deckel 33 Löcher von der Grösse angebracht sind, dass die Pflöckchen gerade hineingesteckt werden können, und dann aufrecht auf dem Deckel stehen. Bei den in Deutschland üblichen Nonnenspielen bilden die 33 Löcher des Deckels die folgende Figur:

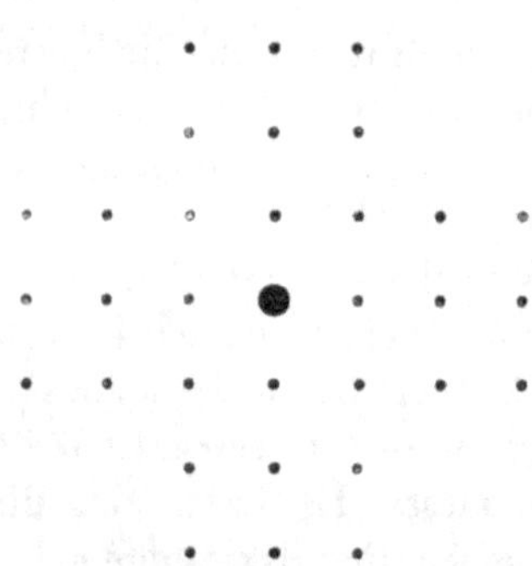

Bei Anfang des Spiels werden die 32 Pflöckchen in die 32 Löcher gesteckt, welche um das Mittelloch, das frei bleibt, symmetrisch gruppirt sind. Die Spielregel besteht darin, dass, wenn von drei horizontal oder vertical liegenden, aufeinanderfolgenden Löchern das eine äussere frei, das andere äussere aber und das mittlere Loch besetzt sind, der in diesem andern äusseren Loch steckende Pflock herausgenommen und in das freie äussere Loch gesteckt werden darf, wobei aber dann nothwendiger Weise auch der mittlere Pflock entfernt werden muss. Jede derartige Pflock-Veränderung soll ein „Zug“ heissen. Es ist klar, dass durch jeden Zug ein Pflock vom Spielbrett verschwindet. Gewöhnlich betrachtet man als Ziel des Geduldspiels, die Züge so einzurichten, dass schliesslich nur noch ein einziger Pflock übrig bleibt. Natürlich sind zur Erreichung dieses Zieles 31 Züge erforderlich. Dem Anfänger wird es aber gewöhnlich so ergehen, dass ihm schon nach wenigen Zügen mehrere Pflöcke stehen bleiben, die er durch die Zug-Regel nicht mehr entfernen kann. Man wird sich daher, bevor man grosse Uebung in dem Spiele erlangt hat, schon damit begnügen, wenn am Schluss nicht gar zu viel unentfernbare Pflöckchen stehen geblieben sind; und man wird das Nonnenspiel um so besser gespielt haben, je weniger solche Pflöckchen einem schliesslich übrig geblieben sind. Hat man aber ausreichend Geduld, so wird es einem endlich gelingen, alle Pflöckchen bis auf einen zu entfernen; ja, es lässt sich sogar erreichen, dass der übrig bleibende Pflock beim 31sten Zuge gerade auf das Mittelloch zu stehen kommt. Vielfach steckt man sich auch als Ziel bei dem Nonnenspiel, es so einzurichten, dass auf ganz bestimmten vorher bezeichneten Löchern Pflöckchen stehen bleiben, so dass diese dann eine interessante Figur bilden. Andererseits sucht man auch Probleme zu lösen, welche davon ausgehen, dass nicht alle Löcher des Spielbretts besetzt sind, sondern nur solche, deren Pflöckchen ein Kreuz, ein Quadrat, ein Achteck oder sonst eine hübsche Figur bilden, und man betrachtet es dann gewöhnlich als das Ziel des Geduldspiels, diese Pflöckchen sämmtlich zu entfernen, bis auf ein einziges, das beim letzten Zuge gerade auf das Mittelloch gerathen soll. Diese letzteren Probleme sind, wenn sie überhaupt lösbar sind, leichter als das zuerst genannte, von 32 Pflöckchen ausgehende Problem.

Um die verschiedenen Probleme stellen, kritisch behandeln und lösen zu können, müssen wir eine Bezeichnung der 33 Löcher einführen. Es ist dabei zweckmässig und übersichtlich, sich die Bezeichnung der Felder des

Damenbretts für Schach-Aufgaben zum Muster zu nehmen und demgemäss die Vertical-Columnen von links nach rechts, der Reihe nach, durch die 7 Buchstaben von A bis G, dagegen die horizontalen Reihen, von unten nach oben, der Reihe nach, durch die 7 Zahlen von 1 bis 7 zu bezeichnen. So wird dann jedes Loch durch die Verbindung einer Zahl mit einem Buchstaben unzweideutig gekennzeichnet, nämlich so:

| | | | | | | |
|---|---|---|---|---|---|---|
| | | C 7 | D 7 | E 7 | | |
| | | C 6 | D 6 | E 6 | | |
| A 5 | B 5 | C 5 | D 5 | E 5 | F 5 | G 5 |
| A 4 | B 4 | C 4 | D 4 | E 4 | F 4 | G 4 |
| A 3 | B 3 | C 3 | D 3 | E 3 | F 3 | G 3 |
| | | C 2 | D 2 | E 2 | | |
| | | C 1 | D 1 | E 1 | | |

Mit Hilfe dieser Bezeichnung kann man dann auch die Züge selbst symbolisch darstellen; und zwar empfiehlt es sich, einen Zug, welcher einen Pflock von einem Loch in ein anderes versetzt, wie einen Bruch zu bezeichnen, dessen Zähler und Nenner so heissen, wie das Anfangs- und das Schlussloch. So würde z. B. $\frac{\text{E}\,4}{\text{C}\,4}$ den Zug bedeuten, bei welchem ein in E 4 steckender Pflock auf das unbesetzte Loch C 4 rückt, was nach der Spielregel nur gestattet ist, wenn das dazwischen liegende Loch D 4 besetzt war, und der in D 4 steckende Pflock bei dem Zuge entfernt wird. Aus dieser Darstellungsweise der Züge geht hervor, dass bei jeder Zug-Bezeichnung die beiden oberhalb und unterhalb des Striches stehenden Zeichen entweder gleiche Zahlen oder gleiche Buchstaben haben. Im ersten Falle müssen die beiden Buchstaben solche sein, dass zwischen ihnen nur ein Buchstabe im Alphabet vorhanden ist, im zweiten Falle müssen die beiden Zahlen sich um 2 unterscheiden.

Wir beginnen nun mit der immer leicht auffindbaren Lösung einiger von den oben zuletzt erwähnten Problemen, bei welchen nur ein Theil der sämmtlichen Löcher des Spielbretts besetzt ist und dann verlangt wird, dass schliesslich nur ein Pflock im Mittelloch stehen bleibt. In jedem der Probleme bezeichnen die schwarzen Felder die anfänglich als besetzt betrachteten Löcher. Manche Probleme haben mehrere Lösungen, von denen jedoch nur eine hier mitgetheilt ist, und zwar mit Benutzung der oben eingeführten Bezeichnung der Züge. Die Züge sind natürlich in der aus der Numerirung hervorgehenden Reihenfolge zu machen.

I. 9 Pflöcke, die ein Kreuz bilden:

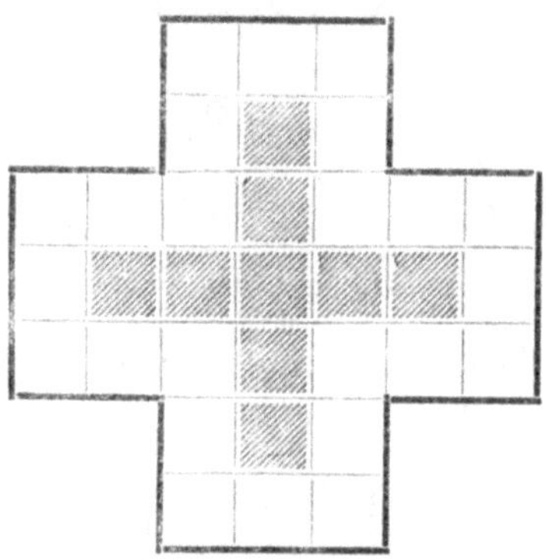

Lösung: 1) $\frac{D3}{D1}$, 2) $\frac{D5}{D3}$, 3) $\frac{B4}{D4}$, 4) $\frac{D4}{D2}$, 5) $\frac{F4}{D4}$, 6) $\frac{D1}{D3}$, 7) $\frac{D3}{D5}$, 8) $\frac{D6}{D4}$.

II. 9 Pflöcke, die ein Dreieck bilden:

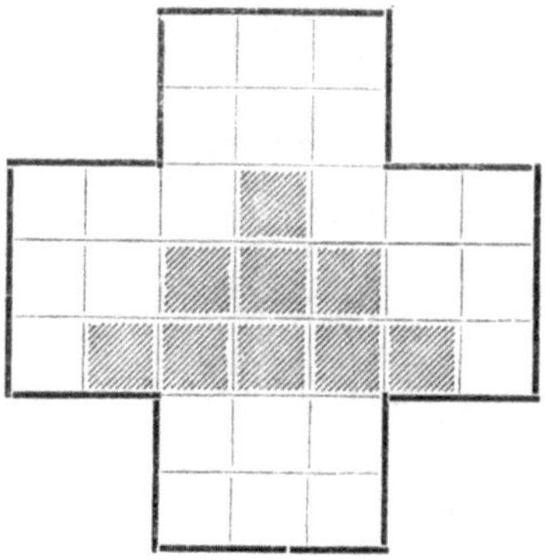

Lösung: 1) $\frac{E3}{E5}$, 2) $\frac{E5}{C5}$, 3) $\frac{C3}{E3}$, 4) $\frac{F3}{D3}$, 5) $\frac{D4}{D2}$, 6) $\frac{C5}{C3}$, 7) $\frac{B3}{D3}$, 8) $\frac{D2}{D4}$.

III. 24 Pflöcke, die ein schräg liegendes Quadrat bilden:

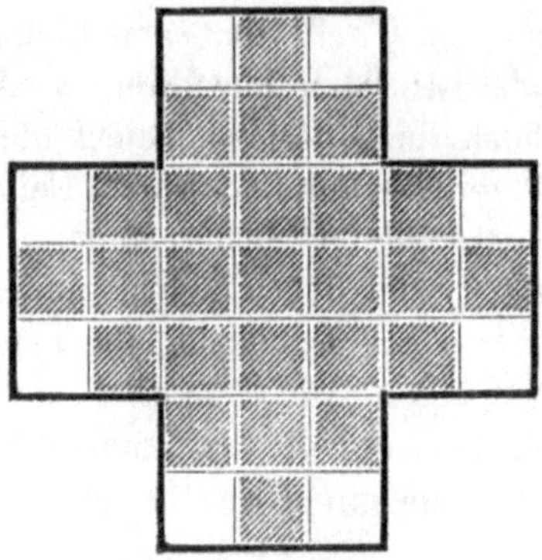

Lösung: 1) $\frac{E3}{E1}$, 2) $\frac{E1}{C1}$, 3) $\frac{E5}{G5}$, 4) $\frac{G5}{G3}$, 5) $\frac{G3}{E3}$, 6) $\frac{F4}{D4}$, 7) $\frac{C5}{C7}$, 8) $\frac{C7}{E7}$, 9) $\frac{E7}{E5}$, 10) $\frac{E5}{C5}$, 11) $\frac{C4}{C6}$, 12) $\frac{D6}{B6}$, 13) $\frac{A4}{C4}$, 14) $\frac{B6}{B4}$, 15) $\frac{B3}{B5}$, 16) $\frac{D4}{B4}$, 17) $\frac{B5}{B3}$, 18) $\frac{C2}{C4}$, 19) $\frac{E3}{C3}$, 20) $\frac{C4}{C2}$, 21) $\frac{C1}{C3}$, 22) $\frac{B3}{D3}$, 23) $\frac{D2}{D4}$.

IV. 16 Pflöcke, die eine Doppeltreppe bilden. (Der übrig bleibende Pflock kommt auf D 5 zu stehen.)

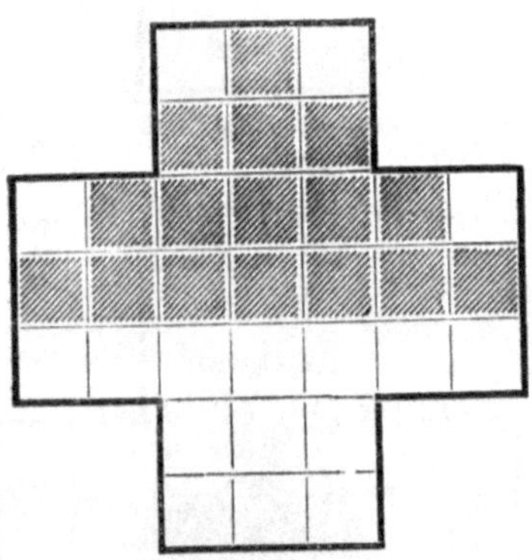

Lösung: 1) $\frac{E5}{E3}$, 2) $\frac{G4}{E4}$, 3) $\frac{E3}{E5}$, 4) $\frac{E5}{E7}$, 5) $\frac{E7}{C7}$, 6) $\frac{C5}{C3}$, 7) $\frac{A4}{C4}$, 8) $\frac{C3}{C5}$, 9) $\frac{C6}{E6}$, 10) $\frac{D4}{D6}$, 11) $\frac{E6}{C6}$, 12) $\frac{B5}{D5}$, 13) $\frac{C7}{C5}$, 14) $\frac{C5}{E5}$, 15) $\frac{F5}{D5}$.

Von Problemen, welche umgekehrt von dem besetzten Spielbrett ausgehen und dann verlangen, dass schliesslich eine vorgeschriebene Figur übrig bleibt, sei beispielsweise das folgende erwähnt. Die Löcher des Spielbretts sind mit Ausnahme des mittleren, D 4, sämmtlich besetzt. Dann soll so gezogen werden, dass schliesslich das Mittelloch D 4, sowie die 12 Löcher des Umfangs mit Ausnahme der beiden Löcher A 4 und G 4 in der horizontalen Mittellinie besetzt sind, so dass also am Schluss noch 11 Pflöcke vorhanden sind. Dieses Problem lässt sich durch die folgende Zug-Serie lösen:

1) $\frac{B\,4}{D\,4}$, 2) $\frac{C\,2}{C\,4}$, 3) $\frac{E\,2}{C\,2}$, 4) $\frac{C\,5}{C\,3}$, 5) $\frac{C\,2}{C\,4}$, 6) $\frac{E\,5}{C\,5}$, 7) $\frac{E\,7}{E\,5}$, 8) $\frac{F\,5}{D\,5}$,
9) $\frac{F\,3}{F\,5}$, 10) $\frac{D\,3}{F\,3}$, 11) $\frac{C\,6}{E\,6}$, 12) $\frac{C\,5}{E\,5}$, 13) $\frac{E\,5}{E\,7}$, 14) $\frac{A\,3}{C\,3}$, 15) $\frac{A\,5}{A\,3}$, 16) $\frac{C\,3}{C\,5}$,
17) $\frac{C\,5}{A\,5}$, 18) $\frac{G\,3}{E\,3}$, 19) $\frac{G\,5}{G\,3}$, 20) $\frac{E\,3}{E\,5}$, 21) $\frac{E\,5}{G\,5}$.

Gewöhnlich sucht man jedoch beim Nonnenspiel nicht die beiden soeben besprochenen Aufgaben-Arten zu lösen, sondern man betrachtet es als das Ziel des Spiels, so zu ziehen, dass alle Pflöcke, bis auf einen, entfernt, oder wie man nach Analogie des Dame-Spiels sagt, „geschlagen“ werden. Man kann sich diese Aufgabe dann noch dadurch erschweren, dass man es so einzurichten sucht, dass der allein übrig bleibende Pflock auf ein vorher bestimmtes Loch zu stehen kommt, gerade so wie man auch als das anfänglich allein leere Loch statt des mittleren irgend ein anderes wählen kann. Das anfangs allein leere Loch soll im Folgenden immer Anfangsloch, das am Schluss allein besetzte Loch Schluss-Loch der Zug-Serie heissen. Es ist beweisbar, dass bei beliebig gewähltem Anfangsloch nicht jedes, sondern nur einige ganz bestimmte Löcher Schluss-Löcher werden können. Wenn man also zwei ganz beliebige Löcher als Anfangs- und als Schluss-Loch auswählt, so kann es leicht vorkommen, dass das Problem, alle Pflöcke bis auf den letzten zu entfernen, ganz unlösbar ist. Wohl aber ist das Problem immer lösbar, wenn man nur das Anfangsloch, nicht aber auch das Schlussloch von vornherein willkürlich bestimmt. Insbesondere lässt sich auch beweisen, dass das Nonnenspiel immer gelingen kann, wenn man die Bestimmung trifft, dass ein beliebig gewähltes Loch Anfangs- und Schluss-Loch zugleich sein soll. Doch erfordert die Auffindung einer Lösung dieses Problems viel Geduld und Ueberlegung. Als Beispiel für eine solche Lösung wählen wir die von Dr. Reiss in Frankfurt a. M. in Crelle's Journal (Band 54) gelieferte Lösung der Aufgabe, von den 32 Pflöcken, welche die sämmtlichen Löcher des Nonnenspiels mit Ausnahme des Mittellochs besetzen, 31 Pflöcke nach der Spielregel zu entfernen und es dabei so einzurichten, dass der allein auf dem Brett bleibende 32ste Pflock gerade auf das Mittelloch zu stehen kommt. Diese Lösung lautet:

1) $\frac{F4}{D4}$, 2) $\frac{E6}{E4}$, 3) $\frac{D4}{F4}$, 4) $\frac{E2}{E4}$, 5) $\frac{G3}{E3}$, 6) $\frac{G5}{G3}$, 7) $\frac{D3}{F3}$, 8) $\frac{G3}{E3}$,
9) $\frac{E4}{E2}$, 10) $\frac{C5}{E5}$, 11) $\frac{F5}{D5}$, 12) $\frac{A5}{C5}$, 13) $\frac{D5}{B5}$, 14) $\frac{C7}{C5}$, 15) $\frac{E7}{C7}$, 16) $\frac{C4}{C6}$,
17) $\frac{C7}{C5}$, 18) $\frac{B5}{D5}$, 19) $\frac{D6}{D4}$, 20) $\frac{B3}{D3}$, 21) $\frac{C1}{C3}$, 22) $\frac{D3}{B3}$, 23) $\frac{E1}{C1}$, 24) $\frac{E2}{C2}$,
25) $\frac{C1}{C3}$, 26) $\frac{A4}{C4}$, 27) $\frac{C4}{C2}$, 28) $\frac{A3}{C3}$, 29) $\frac{C2}{C4}$, 30) $\frac{C4}{E4}$, 31) $\frac{F4}{D4}$.

Nachdem wir nun das Nonnenspiel und seine Probleme etwas näher kennen gelernt haben, bleibt es uns noch übrig, einiges Geschichtliche zu diesem früher mehr als jetzt verbreiteten Geduldspiele hinzuzufügen. In der französischen „Encyclopédie methodique“ wird berichtet, dass es von einem französischen Reisenden erfunden sei, als derselbe in Amerika beobachtete, wie die Indianer ihre Pfeile an den Wänden ihrer Hütten aneinander reihten. Andere behaupten, dass das Spiel aus China stamme, wo es schon in sehr alter Zeit gespielt sein soll. Sichere Nachrichten über das Nonnenspiel finden sich jedoch nicht früher, als aus dem Anfang des 18. Jahrhunderts. Kein Geringerer, als der berühmte Philosoph und Mathematiker Leibnitz macht schon im ersten Bande der Veröffentlichungen der von ihm gegründeten Berliner Academie auf unser Spiel aufmerksam. In diesen Miscellanea Berolinensia (vom Jahre 1710) veröffentlicht Leibnitz eine „Annotatio de quibusdam ludis“ genannte Abhandlung, in welcher er das Solitärspiel mit den Worten einführt: Non ita pridem increbuit ludi genus singulare quem „Solitarium" appellant. Später*) schreibt Leibnitz Folgendes über das Spiel: „Das Solitarium genannte Spiel hat mir ziemlich gut gefallen. Ich habe dasselbe gerade umgekehrt angefasst. Statt nämlich nach der Spielregel die Pflöcke vom Brett dadurch zu entfernen, dass man mit einem Pflock über einen andern Pflock auf einen leeren Platz springt und den übersprungenen Pflock herausnimmt, fange ich lieber mit einem leeren Brett an und fülle die übersprungenen leeren Plätze aus. So zerstöre ich nicht, sondern schaffe. Vor allem kann ich mir dann die Aufgabe stellen, eine gewünschte Figur aus den hingesetzten Pflöcken zu bilden, die sicher herstellbar ist, falls es mir nach der alten Spielregel gelingt, sie zu zerstören." Dieser Vorschlag von Leibnitz, welcher übrigens das Wesen des Spiels gar nicht ändert, hat wohl damals keine Verbreitung oder keinen Beifall gefunden, da das Spiel, wie es scheint, sowohl früher wie jetzt immer so gespielt wird, dass die Pflöcke entfernt werden. Von Leibnitz bis zur Mitte unseres Jahrhunderts findet sich das Spiel hier und da erwähnt, ohne dass jedoch irgendwo näher darauf eingegangen wird. Im Jahre 1853 aber gab Dr. Reiss in Frankfurt a. M. eine erschöpfende Theorie des Spiels, welcher 1857 dann auch die Ehre widerfuhr, in das damals bedeutendste mathematische Journal, das Crelle'sche, aufgenommen zu werden. Die nach dieser grundlegenden Arbeit erschienenen Abhandlungen über das Nonnenspiel liefern zwar Erweiterungen und Ergänzungen, aber nichts wesentlich Neues. Besonders beachtenswerth ist von diesen Abhandlungen die von Hermary verfasste und 1879 durch die Association française pour l'avancement des sciences (Congrès de Montpellier) veröffentlichte, sowie die sehr ausführliche und eingehende Besprechung, die Herr Lucas in seinen „Récréations" dem Spiel zu Theil werden lässt.

Nur einige von den Resultaten der mathematischen Behandlung mögen hier Platz finden. Zunächst ist zu beachten, dass es für die Theorie des Spiels gleichgültig

*) In einem von Leibnitz an Herrn von Montmort am 17. Januar 1716 gerichteten Briefe.

ist, welche Figur die Löcher des Spielbretts haben, und dass es daher übersichtlicher ist, von einem unbegrenzten Spielbrett mit quadratisch geordneten Löchern in beliebig grosser Anzahl auszugehen. Dann fragt es sich, ob man nicht Reihen von aufeinanderfolgenden Zügen, der Vereinfachung wegen, zu einem einzigen Zuge zusammenfassen kann. Dies erweist sich als wichtig und praktisch nur in dem Falle, wo 5 Löcher die Figur des T bilden, eins der beiden äusseren leer und die 4 übrigen Löcher besetzt sind. Dann lässt sich immer so ziehen, dass die Pflöcke in drei inneren Löchern verschwinden. Man hat nämlich, wenn in der beistehenden Figur a' das leere Loch bedeutet, folgende drei Züge zu thun:

$\frac{a}{a'}, \frac{l}{i}, \frac{a'}{a}.$

Man kann daher diese drei Züge dadurch zu einem „Tripelzug" zusammenfassen, dass man den in a steckenden Pflock stehen lässt und die in i, k, l stehenden drei Pflöcke einfach fortnimmt. Natürlich bleibt die Sache ebenso, wenn die 5 Löcher statt der obigen Figur eine der folgenden drei Figuren bilden:

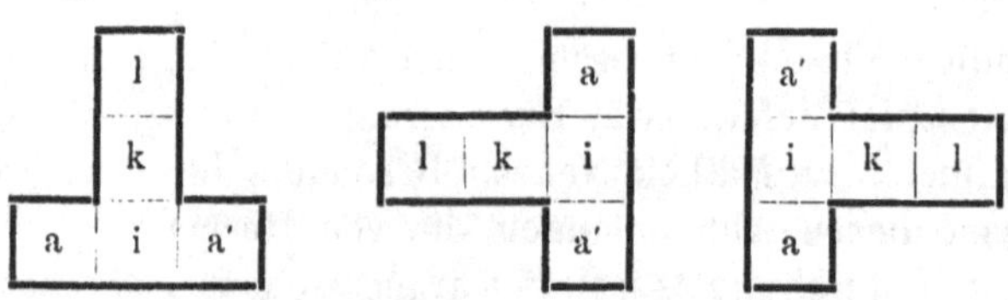


Jeden solchen Tripelzug wollen wir durch (i, k, l) bezeichnen, wenn i, k, l die drei Mittellöcher bedeuten. Beispielsweise lässt sich die Entleerung der 25 mittleren Löcher in einem Schachbrett von 7 mal 7 Löchern, dessen Rand frei ist, bloss durch Tripelzüge bewerkstelligen, wie aus der folgenden Figur und Tripelzug-Serie hervorgeht. Durch diese 8 Tripelzüge werden von den 25 Pflöcken des mittleren Quadrats alle entfernt bis auf den im Mittelloch D 4 stehenden Pflock.

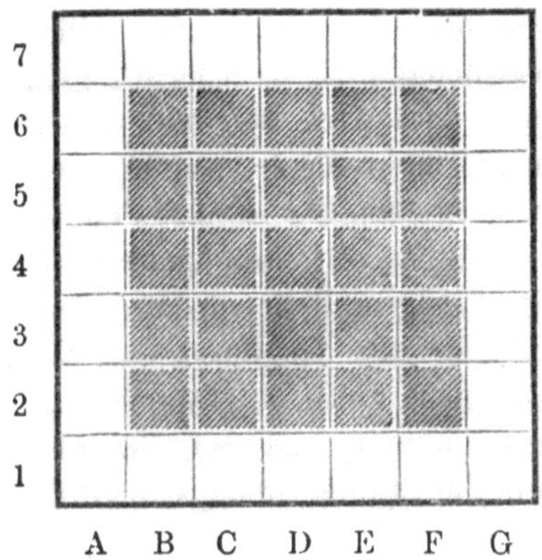

1) (B 4, B 5. B 6)
2) (C 4, C 5, C 6)
3) (D 6, E 6, F 6)
4) (D 5, E 5, F 5)
5) (F 4, F 3, F 2)
6) (E 4, E 3, E 2)
7) (D 2, C 2, B 2)
8) (D 3, C 3, B 3).

Um eins der Hauptresultate in der oben erwähnten Abhandlung von Reiss verstehen zu können, müssen wir den Begriff der Congruenz zweier Löcher einführen. Den Uebergang von einem Loch zu einem horizontal oder vertical daneben befindlichen wollen wir einen Schritt nennen. Dann heissen zwei Löcher „congruent", wenn sie in horizontaler Richtung um 0, 3, 6, 9 u. s. w. Schritte und zugleich in verticaler Richtung um 0, 3, 6 u. s. w. Schritte entfernt sind. Denken wir uns z. B. ein Schachbrett mit 8 mal 8 Löchern, so würden z. B. congruent zu dem Eckloch A 1 die folgenden Löcher sein: A 1, A 4, A 7, D 1, D 4, D 7, G 1, G 4, G 7.

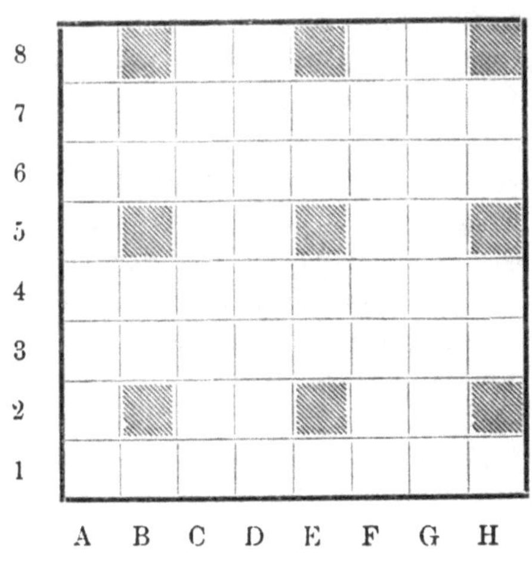

Ferner würden sich als congruent zu E 5 diejenigen ergeben, die in der vorstehenden Figur schattirt sind. Es lässt sich leicht einsehen, dass auch auf dem unbegrenzt gedachten Spielbrett nicht mehr als 9 Gruppen von einander congruenten Löchern denkbar sind. Denn jedes Loch muss congruent zu einem von 9 ein Quadrat bildenden, sonst aber beliebig ausgewählten Löchern sein. So ergeben sich also auch auf dem Spielbrett des Nonnenspiels in seiner gewöhnlichen Form 9 Gruppen von einander congruenten Löchern, wie aus der beistehenden Figur ersichtlich ist, wo alle einander congruenten Löcher immer durch eine und dieselbe Zahl bezeichnet sind:

| | | 4 | 5 | 6 | | |
|---|---|---|---|---|---|---|
| | | 7 | 8 | 9 | | |
| 2 | 3 | 1 | 2 | 3 | 1 | 2 |
| 5 | 6 | 4 | 5 | 6 | 4 | 5 |
| 8 | 9 | 7 | 8 | 9 | 7 | 8 |
| | | 1 | 2 | 3 | | |
| | | 4 | 5 | 6 | | |

Mit Hilfe des soeben eingeführten Begriffs der Congruenz lässt sich nun folgender von Reiss bewiesener Lehrsatz aussprechen: „*Bei jeder Lösung des Nonnenspiel-Problems muss das Schlussloch dem Anfangsloch congruent sein, wenn das Spiel die beistehende übliche Gestalt hat.*“ Da jedes Loch sich selbst congruent ist, so kann es natürlich auch vorkommen, dass das Schlussloch mit dem Anfangsloch identisch ist. Umgekehrt ist auch von Reiss bewiesen, dass bei einem Spielbrett von 33 Löchern jedes Problem, das verlangt, alle Pflöcke bis auf einen durch Schlagen zu entfernen, lösbar ist, sobald man ein ganz beliebiges Loch als Anfangsloch und ein dazu congruentes als Schlussloch von vornherein bestimmt hat. Deshalb lassen sich die lösbaren Probleme nach der Wahl der Anfangs- und

Schlusslöcher bequem eintheilen. Um diese Eintheilung vorzubereiten, theilen wir die Löcher zunächst in Gruppen von unter sich congruenten. Derartiger Gruppen muss es, wie oben gezeigt ist, bei jedem Spielbrett, also auch bei unserm mit 33 Löchern, immern neun geben. In der That erhalten wir als einander congruent:

| | | | | | | |
|---|---|---|---|---|---|---|
| | | C 7 | D 7 | E 7 | | |
| | | C 6 | D 6 | E 6 | | |
| A 5 | B 5 | C 5 | D 5 | E 5 | F 5 | G 5 |
| A 4 | B 4 | C 4 | D 4 | E 4 | F 4 | G 4 |
| A 3 | B 3 | C 3 | D 3 | E 3 | F 3 | G 3 |
| | | C 2 | D 2 | E 2 | | |
| | | C 1 | D 1 | E 1 | | |

1) D 4, A 4. D 7. G 4, D 1;
2) C 4, C 7, F 4, C 1;
3) E 4, E 7, B 4, E 1;
4) C 5, C 2, F 5;
5) D 5, A 5, G 5. D 2;
6) E 5, B 5, E 2;
7) C 3, C 6, F 3;
8) D 3, D 6, A 3, G 3;
9) E 3, B 3, E 6.

Da nun in jeder Gruppe jedes Loch Anfangsloch und dieses selbst, sowie jedes andere Schlussloch sein kann, so erhalten wir aus der ersten Gruppe 5 mal 5, also 25 Probleme, aus der 2ten, 3ten, 5ten, 8ten Gruppe je 16 und aus der 4ten, 6ten, 7ten, 9ten je 9 Probleme, was im ganzen 125 Probleme ergiebt. Diese Zahl lässt sich aber erheblich herabsetzen, und zwar zuvörderst durch die Ueberlegung, dass durch genaue Umkehrung einer ein Problem lösenden Zug-Serie immer die Lösung eines andern Problems hervorgeht, wenn Anfangs- und Schlussloch verschieden sind. Betrachtet man zwei solche Probleme nur als ein einziges, so erhält man aus der ersten Gruppe nur 15 Probleme, aus der 2ten, 3ten, 5ten, 8ten Gruppe je 10 und aus der 4ten, 6ten, 7ten, 9ten je 6 Probleme, so dass sich im ganzen nur 79 Probleme ergeben. Eine weitere Reduction dieser Problem-Zahl wird durch die Symmetrie des Spielbretts veranlasst. Denkt man das Spielbrett um einen, zwei oder drei rechte Winkel im Sinne eines Uhrzeigers oder im entgegengesetzten Sinne gedreht, so nehmen meist neue Löcher die Lagen der alten ein, und so werden Probleme, die, der Bezeichnung nach, als verschieden gelten, dem Wesen nach identisch. Löcher, die sich im eben angedeuteten Sinne nur durch die Stellung des Spielbretts unterscheiden, sollen symmetrische heissen. Der Symmetrie nach kann man die 33 Löcher in folgender Weise zusammenstellen. Es sind zu einander symmetrisch:

I. D 4;
II. C 4, D 5, E 4, D 3;
III. C 5, E 5, E 3, C 3;
IV. B 4, D 6, F 4, D 2;
V. B 3, B 5, C 6, E 6, F 5, F 3, E 2, C 2;
VI. A 4, D 7, G 4, D 1;
VII. A 3, A 5, C 7, E 7, G 5, G 3, E 1, C 1.

Fasst man alle Probleme, bei denen ebensowohl die Anfangslöcher wie die Schlusslöcher zu einander symmetrisch sind, auch noch zu einem einzigen Probleme zusammen, so erhält man im ganzen nur 16 verschiedene Probleme, welche im Folgenden durch Bezeichnung des Anfangslochs und des Schlusslochs dargestellt sind. Man beachte dabei, dass jedes sonst noch denkbare lösbare Problem sich als nicht wesentlich verschieden von einem dieser 16 Probleme erweisen muss:

1) D 4 bis D 4, 2) D 4 bis G 4, 3) G 4 bis G 4, 4) G 4 bis D 7,
5) G 4 bis A 4, 6) E 4 bis E 4, 7) E 4 bis E 7, 8) E 7 bis E 7,
9) E 4 bis B 4, 10) E 7 bis B 4, 11) E 7 bis E 1, 12) B 4 bis B 4,
13) E 5 bis E 5, 14) E 5 bis E 2, 15) E 2 bis E 2, 16) E 2 bis B 5.

Für jedes dieser 16 Probleme hat Reiss eine Lösung gegeben. Doch ist zu beachten, dass immer ausser der Reiss'schen Lösung noch andere Lösungen existiren. Die Reiss'schen Lösungen mögen hier, nach der Wiedergabe von Herrn Lucas, Platz finden:

1) D 4 bis D 4 ist schon oben angegeben;

2) D 4 bis G 4, ebenso wie 1), nur der letzte Zug muss $\frac{\text{E 4}}{\text{G 4}}$ statt $\frac{\text{F 4}}{\text{D 4}}$ heissen;

3) G 4 bis G 4, ebenso wie 2), nur der erste Zug muss $\frac{\text{E 4}}{\text{G 4}}$ statt $\frac{\text{F 4}}{\text{D 4}}$ heissen;

4) G 4 bis D 7 wird durch folgende Zug-Reihe gelöst:

$\frac{E4}{G4}$, $\frac{E2}{E4}$, $\frac{D4}{F4}$, $\frac{G3}{E3}$, $\frac{G4}{E4}$, $\frac{E4}{E2}$, $\frac{E1}{E3}$, $\frac{C1}{E1}$, $\frac{C2}{E2}$, $\frac{D3}{F3}$, $\frac{E1}{E3}$, $\frac{F3}{D3}$, $\frac{C4}{C2}$,
$\frac{A3}{C3}$, $\frac{A5}{A3}$, $\frac{D3}{B3}$, $\frac{A3}{C3}$, $\frac{C2}{C4}$, $\frac{E6}{E4}$, $\frac{G5}{E5}$, $\frac{E4}{E6}$, $\frac{E7}{E5}$, $\frac{C7}{E7}$, $\frac{C6}{E6}$, $\frac{D5}{F5}$, $\frac{E7}{E5}$,
$\frac{F5}{D5}$, $\frac{B4}{D4}$, $\frac{D4}{D6}$, $\frac{B5}{D5}$, $\frac{D5}{D7}$;

5) G 4 bis A 4, die ersten 24 Züge wie in 4), dann aber weiter:

$\frac{C4}{C6}$, $\frac{E5}{C5}$, $\frac{E7}{E5}$, $\frac{B5}{D5}$, $\frac{E5}{C5}$, $\frac{C6}{C4}$, $\frac{C4}{A4}$;

6) E 4 bis E 4 wird durch folgende Zug-Reihe gelöst:

$\frac{E6}{E4}$, $\frac{G5}{E5}$, $\frac{E4}{E6}$, $\frac{G4}{E4}$, $\frac{E3}{E5}$, $\frac{G3}{E3}$, $\frac{D3}{F3}$, $\frac{E1}{E3}$, $\frac{F3}{D3}$, $\frac{C3}{E3}$, $\frac{D1}{D3}$, $\frac{E3}{C3}$, $\frac{B3}{D3}$,
$\frac{C1}{C3}$, $\frac{D3}{B3}$, $\frac{A3}{C3}$, $\frac{A5}{A3}$, $\frac{B5}{B3}$, $\frac{C4}{C2}$, $\frac{A3}{C3}$, $\frac{C2}{C4}$, $\frac{D5}{B5}$, $\frac{C7}{C5}$, $\frac{E7}{C7}$, $\frac{C4}{C6}$, $\frac{C7}{C5}$,
$\frac{B5}{D5}$, $\frac{E6}{C6}$, $\frac{D4}{D6}$, $\frac{C6}{E6}$, $\frac{E6}{E4}$;

7) E 4 bis E 7, ebenso wie 6), nur der letzte Zug muss $\frac{E5}{E7}$ statt $\frac{E6}{E4}$ heissen;

8) E 7 bis E 7, ebenso wie 7), nur der erste Zug muss $\frac{E5}{E7}$ statt $\frac{E6}{E4}$ heissen;

9) E 4 bis B 4, in den ersten 27 Zügen ebenso wie 6),*) dann aber weiter:

$\frac{E6}{E4}$, $\frac{E4}{C4}$, $\frac{D6}{D4}$, $\frac{D4}{B4}$;

10) E 7 bis B 4, ebenso wie 9), nur der erste Zug muss $\frac{E5}{E7}$ statt $\frac{E6}{E4}$ heissen;

11) E 7 bis E 1, in den ersten 6 Zügen wie 10), dann 24 Züge horizontal symmetrisch zu dem 7ten bis 30ten Zuge in 6) und als 31ten Zug endlich $\frac{E3}{E1}$;

---

*) In Lucas' Arbeit ist hier ein Druckfehler, es muss dort VI statt VIII heissen.

12) B 4 bis B 4 wird durch folgende Zug-Reihe gelöst:

$\frac{D4}{B4}$, $\frac{C6}{C4}$, $\frac{A5}{C5}$, $\frac{C4}{C6}$, $\frac{C7}{C5}$, $\frac{E7}{C7}$, $\frac{E6}{C6}$, $\frac{D5}{B5}$, $\frac{C7}{C5}$, $\frac{B5}{D5}$, $\frac{C2}{C4}$, $\frac{A3}{C3}$, $\frac{C4}{C2}$, $\frac{C1}{C3}$, $\frac{E1}{C1}$, $\frac{E2}{C2}$, $\frac{D3}{B3}$, $\frac{C1}{C3}$, $\frac{B3}{D3}$, $\frac{E4}{E6}$, $\frac{G5}{E5}$, $\frac{G3}{G5}$, $\frac{D5}{F5}$, $\frac{G5}{E5}$, $\frac{E6}{E4}$, $\frac{F4}{D4}$, $\frac{D4}{D2}$, $\frac{F3}{D3}$, $\frac{D2}{D4}$, $\frac{A4}{C4}$, $\frac{D4}{B4}$;

13) E 5 bis E 5 wird durch folgende Zug-Reihe gelöst:

$\frac{E3}{E5}$, $\frac{G3}{E3}$, $\frac{G5}{G3}$, $\frac{F5}{F3}$, $\frac{E2}{E4}$, $\frac{G3}{E3}$, $\frac{E4}{E2}$, $\frac{E1}{E3}$, $\frac{C1}{E1}$, $\frac{C2}{E2}$, $\frac{D3}{F3}$, $\frac{E1}{E3}$, $\frac{F3}{D3}$, $\frac{D5}{F5}$, $\frac{E7}{E5}$, $\frac{F5}{D5}$, $\frac{C5}{E5}$, $\frac{D7}{D5}$, $\frac{E5}{C5}$, $\frac{B5}{D5}$, $\frac{C7}{C5}$, $\frac{D5}{B5}$, $\frac{A5}{C5}$, $\frac{A3}{A5}$, $\frac{B3}{B5}$, $\frac{C4}{C6}$, $\frac{A5}{C5}$, $\frac{C6}{C4}$, $\frac{C3}{E3}$, $\frac{C4}{E4}$, $\frac{E3}{E5}$;

14) E 5 bis E 2, ebenso wie 13), nur der letzte Zug muss $\frac{E\,4}{E\,2}$ statt $\frac{E\,3}{E\,5}$ heissen;

15) E 2 bis E 2, ebenso wie 14), nur der erste Zug muss $\frac{E\,4}{E\,2}$ statt $\frac{E\,3}{E\,5}$ heissen;

16) E 2 bis B 5, die ersten 28 Züge so wie 15), dann aber: $\frac{D\,3}{B\,3}$, $\frac{D\,4}{B\,4}$, $\frac{B\,3}{B\,5}$.

Die eben hergestellten Lösungen der 16 Fundamentalprobleme des Nonnenspiels beziehen sich nur auf ein Spielbrett mit 33 Löchern von der oben geschilderten Form. In Frankreich sind jedoch Spielbretter mit 37 Löchern von folgender Gestalt üblich:

| | | | | | | |
|---|---|---|---|---|---|---|
| | | C 7 | D 7 | E 7 | | |
| | B 6 | C 6 | D 6 | E 6 | F 6 | |
| A 5 | B 5 | C 5 | D 5 | E 5 | F 5 | G 5 |
| A 4 | B 4 | C 4 | D 4 | E 4 | F 4 | G 4 |
| A 3 | B 3 | C 3 | D 3 | E 3 | F 3 | G 3 |
| | B 2 | C 2 | D 2 | E 2 | F 2 | |
| | | C 1 | D 1 | E 1 | | |

Sehr bemerkenswerth ist, dass Reiss (Crelle's Journal Band 54) mathematisch streng bewiesen hat, dass bei diesen französischen Spielbrettern nicht jedes Feld als Anfangsfeld gewählt werden darf, wenn es gelingen soll, alle Pflöcke bis auf einen zu entfernen. Beispielsweise ist das Nonnenspiel-Problem geradezu unlösbar, wenn man anfangs das Mittelfeld D 4 allein frei lässt. Es können überhaupt nur 16 Felder als Anfangsfelder gewählt werden, damit das Problem der Entleerung lösbar werde. Diese 16 Felder gruppiren sich naturgemäss in 4 Gruppen, von einander congruenten Feldern, nämlich:

Erste Gruppe: D 5, G 5, D 2, A 5;
Zweite Gruppe: D 3, D 6, G 3, A 3;
Dritte Gruppe: C 4, C 7, F 4, C 1;
Vierte Gruppe: E 4, E 7, E 1, B 4.

Nun lässt sich folgende Regel beweisen: „Wenn das Anfangsfeld in der ersten Gruppe gewählt wird, so muss ein Feld der zweiten Gruppe Schlussfeld werden, oder umgekehrt; ebenso, wenn das Anfangsfeld in der dritten Gruppe gewählt wird, so muss ein Feld in der vierten Gruppe Schlussfeld werden, oder umgekehrt.“ Insbesondere kann also niemals eins der 16 möglichen Anfangsfelder zugleich auch Schlussfeld werden.

Beispielsweise möge hier eine Lösung für diese französische Form des Nonnenspiels Platz finden, und zwar eine solche, welche G 3 als Anfangsloch, D 2 als Schlussloch hat:

$\frac{E3}{G3}$, $\frac{E1}{E3}$, $\frac{D3}{F3}$, $\frac{G3}{E3}$, $\frac{B3}{D3}$, $\frac{C1}{C3}$, $\frac{D3}{B3}$, $\frac{A3}{C3}$, $\frac{D5}{D3}$, $\frac{F5}{D5}$, $\frac{E7}{E5}$, $\frac{D5}{F5}$, $\frac{G5}{E5}$,
$\frac{B5}{D5}$, $\frac{C7}{C5}$, $\frac{D5}{B5}$, $\frac{A5}{C5}$, $\frac{D3}{F3}$, $\frac{F4}{D4}$, $\frac{F2}{F4}$, $\frac{G4}{E4}$, $\frac{D1}{D3}$, $\frac{C4}{C6}$, $\frac{A4}{C4}$, $\frac{D7}{D5}$, $\frac{B6}{D6}$,
$\frac{D5}{D7}$, $\frac{E4}{E6}$, $\frac{F6}{D6}$, $\frac{D3}{B3}$, $\frac{B2}{B4}$, $\frac{D7}{D5}$, $\frac{D5}{D3}$, $\frac{B4}{D4}$, $\frac{D4}{D2}$.

Hermary hat in seiner oben citirten Abhandlung auch eine Lösung für den Fall gegeben, dass das Spielbrett noch 4 Löcher mehr hat, als das eben behandelte, im ganzen also 41 Löcher. Die 4 hinzukommenden Löcher würden bei unsrer Bezeichnungsweise D 8, H 4, D 0 und Z 4 heissen, wenn wir links von der mit A bezeichneten

Verticalreihe noch den Buchstaben Z als A vorhergehend, hinzufügen. Wahrscheinlich ist bei einem solchen Spielbrett die Zahl der lösbaren Probleme noch beschränkter, als bei einem Spielbrett mit 37 Löchern. Hermary meint sogar, dass ausser der von ihm gelieferten Lösung und derjenigen, welche die genau umgekehrte Zug-Reihe besitzt, keine Lösung weiter existirt. Doch ist das noch nicht bewiesen. Ueberhaupt bedarf die Theorie des Nonnenspiels noch sehr der theoretischen Förderung. So ist z. B. über die Anzahl der Lösungen eines Problems, das zwei zulässige Löcher als Anfangsloch und als Schlussloch nimmt, noch gar nichts gefunden.

## IX. Die Umfüllungs-Aufgaben.

Unter dem Namen Umfüllungs-Aufgaben wollen wir die sehr verbreiteten Aufgaben zusammenfassen, welche voraussetzen, dass nur eine beschränkte Anzahl von Gefässen, deren jedes eine bestimmte Anzahl von Litern einer Flüssigkeit fasst, zur Verfügung stehen, und welche dann verlangen, dass durch wiederholtes Umgiessen schliesslich eine vorgeschriebene Anzahl von Litern in das eine oder das andere Gefäss hineinkommt. Gewöhnlich setzt man voraus, dass nur drei verschieden grosse Gefässe vorhanden sind, dass das grösste dieser Gefässe vollständig gefüllt ist, die beiden andern aber ganz leer sind, und dass nun durch Umgiessen es erreicht werden soll, dass die Hälfte der Flüssigkeit in dem grössten Gefäss und die andere Hälfte in dem zweitgrössten Gefäss sich befindet, so dass eine genaue Halbirung möglich ist. Solche Aufgaben finden sich seit der Mitte des 16. Jahrhunderts nicht allein in vielen Büchern, die arithmetische Belustigungen enthalten, sondern auch in Kalendern, Kinderbüchern und neuerdings in Unterhaltungsblättern. Als Flüssigkeit ist meist Milch oder Wein gewählt. Als Literzahlen für die drei Gefässe fand der Verfasser am häufigsten 8, 5, 3. Bachet giebt in seinem 1612 zuerst erschienenen „Problèmes“ der Aufgabe die folgende Fassung: Zwei Freunde haben sich 8 Maass Wein zu theilen, sie besitzen denselben in einem 8 Maass fassenden Gefäss, haben aber ausserdem nur noch zwei leere Gefässe, von denen das eine 5 Maass, das andere 3 Maass fasst. Wie können sie den Wein in zwei genau gleiche Theile theilen, indem sie sich einzig und allein der drei Gefässe bedienen? Zu dieser Aufgabe giebt Bachet zwei Lösungen, welche, wenn wir Liter statt Maass sagen, folgendermaassen lauten:

1) Man giesse den Wein in das 5 Liter fassende Gefäss, bis dasselbe voll ist; dann giesse man aus diesem Gefäss so lange in das 3 Liter haltende Gefäss, bis letzteres voll ist, so dass in dem zweitgrössten Gefäss 2 Liter übrig geblieben sind. Nun giesse man den Inhalt des kleinsten Gefässes in das grösste, so dass dasselbe nunmehr 6 Liter enthält. Dann giesse man die in dem zweitgrössten Gefäss zurückgebliebenen 2 Liter in das jetzt leere kleinste Gefäss. Darauf fülle man das zweitgrösste Gefäss, indem man aus dem grössten Gefäss soviel abgiesst, bis das zweite ganz gefüllt ist, so dass nunmehr die drei Gefässe der Reihe nach 1, 5, 2 Liter enthalten. Jetzt entleere man das zweite Gefäss soweit, dass das kleinste Gefäss voll wird. Dann sind im zweiten Gefäss 4 Liter zurückgeblieben. Man hat also nur noch die im kleinsten Gefäss vorhandenen 3 Liter in das grösste zu giessen, um zu erreichen, dass die 8 Liter halbirt sind.

2) Bei der zweiten von Bachet gegebenen Lösung giesst man zuerst in das 3 Liter haltende Gefäss, bis dasselbe voll ist, darauf die so erhaltenen 3 Liter in das mittelgrosse Gefäss. Nun füllt man wiederum das kleinste Gefäss, indem man aus dem grössten ausgiesst, so dass im grössten 2 Liter zurückbleiben. Nun giesst man aus dem kleinsten so lange in das zweitgrösste, bis dieses voll, und dann den ganzen Inhalt desselben in das grösste Gefäss, das nun 7 Liter enthalten muss, während im kleinsten 1 Liter vorhanden ist. Dieses giesst man nun in das mittelgrosse Gefäss. Endlich füllt man aus dem grössten Gefäss in das kleinste, bis dieses voll ist, so dass im grössten 4 Liter enthalten sein müssen, und die Aufgabe also gelöst ist, wenn man noch die im kleinsten

Gefäss enthaltenen 3 Liter in das mittelgrosse Gefäss übergiesst.

Man kann diese Lösungen übersichtlicher und kürzer darstellen, wenn man den drei Gefässen 3 Columnen zuordnet, und nach einander in diese Columnen die Zahlen schreibt, welche angeben, wieviel Liter nach jedem Umfüllen in den Gefässen enthalten sind. *Diese kürzere Darstellungsweise wollen wir auch im Folgenden immer beibehalten. Ferner wollen wir die drei Gefässe mit A, B, C bezeichnen, so dass A das grösste, B das zweitgrösste, C das drittgrösste bedeutet.* Die Zahl der Liter, die jedes Gefäss überhaupt fassen kann, setzen wir unter A, B, C, und zwar in Klammern. So gewinnen die beiden oben auseinander gesetzten Lösungen die nebenstehende übersichtliche Gestalt.

| 1 | | |
|---|---|---|
| A (8) | B (5) | C (3) |
| 8 | 0 | 0 |
| 3 | 5 | 0 |
| 3 | 2 | 3 |
| 6 | 2 | 0 |
| 6 | 0 | 2 |
| 1 | 5 | 2 |
| 1 | 4 | 3 |
| 4 | 4 | 0 |

| 2 | | |
|---|---|---|
| A (8) | B (5) | C (3) |
| 8 | 0 | 0 |
| 5 | 0 | 3 |
| 5 | 3 | 0 |
| 2 | 3 | 3 |
| 2 | 5 | 1 |
| 7 | 0 | 1 |
| 7 | 1 | 0 |
| 4 | 1 | 3 |
| 4 | 4 | 0 |

Man kann das oben besprochene Problem in dreierlei Richtungen verallgemeinern: erstens dahin, dass man statt der Zahlen (8), (5), (3) beliebig gewählte andere Zahlen setzt, welche angeben sollen, wieviel Liter die drei Gefässe A, B, C fassen sollen, zweitens dahin, dass man als Ziel nicht bloss die Halbirung, *sondern die Erreichung jeder möglichen Literzahl* betrachtet, drittens dahin, dass man mehr als drei Gefässe als zur Verfügung stehend voraussetzt. Da die dritte Erweiterungsrichtung weniger Interesse bietet, weil die Auffindung einer Lösung dadurch zu sehr erleichtert wird und die Anzahl der denkbaren Lösungen zu gross wird, so wollen wir diese Erweiterung des Problems nicht eingehender behandeln, sondern nur ein Beispiel geben, das wir den „Mathematical Recreations“ von Ball entnehmen. Das Gefäss A sei voll und enthalte 24 Liter, die Gefässe B, C, D sind leer und fassen 13, 11, 5 Liter. Man soll die

24 Liter durch Umfüllen in drei gleiche Theile theilen. Eine sehr kurze Lösung des Problems ist folgende:

| A (24) | B (13) | C (11) | D (5) |
|---|---|---|---|
| 24 | 0 | 0 | 0 |
| 13 | 0 | 11 | 0 |
| 8 | 0 | 11 | 5 |
| 0 | 8 | 11 | 5 |
| 11 | 8 | 0 | 5 |
| 16 | 8 | 0 | 0 |
| 16 | 0 | 8 | 0 |
| 3 | 13 | 8 | 0 |
| 3 | 8 | 8 | 5 |
| 8 | 8 | 8 | 0 |

Obwohl Ball in dem oben erwähnten Buche die Ansicht ausspricht, dass solche Umfüllungs-Aufgaben nur durch Versuche, nicht aber mathematisch, gelöst werden können, so wollen wir doch eine kritische Behandlung derselben versuchen. Dabei wollen wir uns das Problem in den beiden ersten der oben genannten Verallgemeinerungsrichtungen, nicht aber in der dritten ausgedehnt denken, das heisst, wir wollen nur drei Gefässe A, B, C betrachten, aber annehmen, dass jedes eine beliebige Anzahl von Litern fasse, und dass auch jede beliebige Zahl von Litern durch Umfüllen erreicht werden soll. Dabei sollen die Zahlen für die von A, B, C gefassten Liter beziehungsweise a, b, c heissen. Zuerst sieht man nun leicht ein, dass bei dem Umfüllen immer nur zweierlei stattfinden kann. Entweder man macht das Gefäss, aus dem man giesst, ganz leer, oder man macht das Gefäss, in das man giesst, ganz voll. Daher kann es, wie oft man auch umgiessen mag, niemals vorkommen, dass keins der Gefässe ganz leer und zugleich auch keins ganz voll ist. Wenn also bei unserer tabellarischen Darstellung der Umfüllungsarten in einer Reihe keine 0 vorkommt, so muss nothwendig entweder die zweite Zahl gleich b oder die dritte Zahl gleich c sein. Dass die erste Zahl gleich a ist, konnte ausgelassen werden, weil immer vorausgesetzt wird, dass überhaupt nur a Liter der Flüssigkeit vorhanden sind. Wenn man nun auf alle möglichen Literzahlen von 1 bis a durch das Umfüllen kommen soll, so muss man bei der Reihenfolge der Umfüllungen darauf achten, dass man niemals auf eine Zahlen-Gruppe stösst, die mit einer schon dagewesenen übereinstimmt, weil man ja sonst alle Gruppen einfach nur wiederholen müsste, die zwischen den beiden identischen Gruppen liegen. Ausserdem hat man bei der Auffindung einer Methode, die alle möglichen Zahlen liefert, noch darauf zu achten, dass man möglichst spät auf die Anfangsgruppe a, 0, 0 zurückgelangt. Methoden, welche diese Bedingung erfüllen, lassen sich mehrere finden. Eine derselben besteht aus folgenden Vorschriften:

Man giesse aus A in C, bis C voll ist, dann den Inhalt von C in B, darauf wieder aus A in C, bis C voll ist, und auch wieder den Inhalt von C in B. So fahre man fort, bis B ganz voll wird. Darauf fülle man den Inhalt von B in A, und wenn in C ein Rest geblieben sein sollte, diesen in B. Jetzt wiederhole man das anfängliche Verfahren, und zwar wiederum so lange, bis B voll ist. Dann giesse man den Inhalt von B wieder in A, und, wenn in C ein Rest geblieben ist, diesen in B. Wenn man dieses Verfahren immer weiter fortsetzt, so gelangt man schliesslich zur Anfangsgruppe zurück, und man hat dann alle möglichen Zahlen erreicht. Es fragt sich jedoch, ob auch immer in A soviel Flüssigkeit ist, dass C ganz gefüllt werden kann. A ist jedenfalls am leersten, wenn in B b Liter sind. Dann aber soll man ja aus B in A füllen. Sind aber in B nur b minus ein Liter, und ist C noch leer, so fragt es sich, ob in A soviel Flüssigkeit ist, dass C ganz gefüllt werden kann. Da aber alle Flüssigkeit zusammen immer a Liter sind, so musste in A a minus b plus ein Liter sein. Dies darf also nicht kleiner sein, als c, d. h. a darf nicht kleiner sein als b plus c minus eins. Wenn diese Bedingung aber erfüllt ist, so führt das Verfahren immer dazu, dass in B sämmtliche Zahlen von 1 bis b vorkommen. Nur wenn b und c einen gemeinsamen Theiler haben, können nicht alle Zahlen erscheinen, sondern natürlich nur diejenigen, welche ebenfalls diesen Theiler haben. Wir stellen daher zunächst die Bedingung an a, b, c, dass erstens a nicht kleiner ist als b plus c minus eins, und dass zweitens b und c keinen gemeinsamen Theiler haben. Diesen Bedingungen entsprechen die folgenden Beispiele, bei welchen die oben auseinandergesetzte Methode angewandt ist. Man bemerke bei diesen Beispielen dann auch, dass, wenn C leer ist, und in B y Liter sind, in A a minus y Liter sein müssen, so dass in A alle Zahlen, die grösser als b sind, vorkommen müssen, wenn nur a minus b gleich oder kleiner als b plus eins ist. Ist aber diese dritte Bedingung nicht erfüllt, also a noch grösser als das um 1 vermehrte Doppelte von b, so sind naturgemäss in A die Zahlen nicht vorhanden, welche grösser als b aber kleiner als a — b sind; dies immer in dem Falle, dass C leer ist. Nun kann man aber, wenn C leer ist, C aus A füllen, woraus man erkennt, dass nur dann Zahlen ausfallen müssen, wenn a minus b minus c grösser ist als b plus eins, d. h., wenn a grösser ist, als das um c plus eins vermehrte Doppelte von b. Wir fassen das nunmehr erlangte Resultat noch einmal kurz zusammen: Die oben auseinandergesetzte Umfüllungs-Methode führt zu sämmtlichen Zahlen von 1 bis a, wenn b und c keinen gemeinsamen Theiler haben, und wenn ausserdem die folgende Bedingungs-Ungleichung erfüllt wird:

$$b + c - 1 \leqq a \leqq 2b + c + 1.$$

Unter den folgenden Beispielen erfüllen die Bedingung, dass b und c keinen gemeinsamen Theiler haben sollen, sämmtliche, die Bedingung, dass $b + c - 1 \leqq a$ ist, auch sämmtliche. Die Bedingung $a \leqq 2b + c + 1$ wird aber nur von No. 1, 2, 3, 5, nicht aber von No. 4, 6, 7 erfüllt, wodurch es kommt, dass in diesen letzten Beispielen gewisse Zahlen fehlen müssen.

| 1 | | | | | |
|---|---|---|---|---|---|
| A (13) | B (9) | C (5) | A (13) | B (9) | C (5) |
| 13 | 0 | 0 | 6 | 7 | 0 |
| 8 | 0 | 5 | 1 | 7 | 5 |
| 8 | 5 | 0 | 1 | 9 | 3 |
| 3 | 5 | 5 | 10 | 0 | 3 |
| 3 | 9 | 1 | 10 | 3 | 0 |
| 12 | 0 | 1 | 5 | 3 | 5 |
| 12 | 1 | 0 | 5 | 8 | 0 |
| 7 | 1 | 5 | 0 | 8 | 5 |
| 7 | 6 | 0 | 0 | 9 | 4 |
| 2 | 6 | 5 | 9 | 0 | 4 |
| 2 | 9 | 2 | 9 | 4 | 0 |
| 11 | 0 | 2 | 4 | 4 | 5 |
| 11 | 2 | 0 | 4 | 9 | 0 |
| 6 | 2 | 5 | 13 | 0 | 0 |

| 2 | | | | | |
|---|---|---|---|---|---|
| A (15) | B (7) | C (3) | A (15) | B (7) | C (3) |
| 15 | 0 | 0 | 14 | 1 | 0 |
| 12 | 0 | 3 | 11 | 1 | 3 |
| 12 | 3 | 0 | 11 | 4 | 0 |
| 9 | 3 | 3 | 8 | 4 | 3 |
| 9 | 6 | 0 | 8 | 7 | 0 |
| 6 | 6 | 3 | 15 | 0 | 0 |
| 6 | 7 | 2 | | | |
| 13 | 0 | 2 | | | |
| 13 | 2 | 0 | | | |
| 10 | 2 | 3 | | | |
| 10 | 5 | 0 | | | |
| 7 | 5 | 3 | | | |
| 7 | 7 | 1 | | | |
| 14 | 0 | 1 | | | |

**3**

| A (24) | B (17) | C (7) | A (24) | B (17) | C (7) |
|---|---|---|---|---|---|
| 24 | 0 | 0 | 12 | 12 | 0 |
| 17 | 0 | 7 | 5 | 12 | 7 |
| 17 | 7 | 0 | 5 | 17 | 2 |
| 10 | 7 | 7 | 22 | 0 | 2 |
| 10 | 14 | 0 | 22 | 2 | 0 |
| 3 | 14 | 7 | 15 | 2 | 7 |
| 3 | 17 | 4 | 15 | 9 | 0 |
| 20 | 0 | 4 | 8 | 9 | 7 |
| 20 | 4 | 0 | 8 | 16 | 0 |
| 13 | 4 | 7 | 1 | 16 | 7 |
| 13 | 11 | 0 | 1 | 17 | 6 |
| 6 | 11 | 7 | 18 | 0 | 6 |
| 6 | 17 | 1 | 18 | 6 | 0 |
| 23 | 0 | 1 | 11 | 6 | 7 |
| 23 | 1 | 0 | 11 | 13 | 0 |
| 16 | 1 | 7 | 4 | 13 | 7 |
| 16 | 8 | 0 | 4 | 17 | 3 |
| 9 | 8 | 7 | 21 | 0 | 3 |
| 9 | 15 | 0 | 21 | 3 | 0 |
| 2 | 15 | 7 | 14 | 3 | 7 |
| 2 | 17 | 5 | 14 | 10 | 0 |
| 19 | 0 | 5 | 7 | 10 | 7 |
| 19 | 5 | 0 | 7 | 17 | 0 |
| 12 | 5 | 7 | 24 | 0 | 0 |

**4**

| A (33) | B (11) | C (8) | A (33) | B (11) | C (8) |
|---|---|---|---|---|---|
| 33 | 0 | 0 | 32 | 1 | 0 |
| 25 | 0 | 8 | 24 | 1 | 8 |
| 25 | 8 | 0 | 24 | 9 | 0 |
| 17 | 8 | 8 | 16 | 9 | 8 |
| 17 | 11 | 5 | 16 | 11 | 6 |
| 28 | 0 | 5 | 27 | 0 | 6 |
| 28 | 5 | 0 | 27 | 6 | 0 |
| 20 | 5 | 8 | 19 | 6 | 8 |
| 20 | 11 | 2 | 19 | 11 | 3 |
| 31 | 0 | 2 | 30 | 0 | 3 |
| 31 | 2 | 0 | 30 | 3 | 0 |
| 23 | 2 | 8 | 22 | 3 | 8 |
| 23 | 10 | 0 | 22 | 11 | 0 |
| 15 | 10 | 8 | 33 | 0 | 0 |
| 15 | 11 | 7 | | | |
| 26 | 0 | 7 | | | |
| 26 | 7 | 0 | | | |
| 18 | 7 | 8 | | | |
| 18 | 11 | 4 | | | |
| 29 | 0 | 4 | | | |
| 29 | 4 | 0 | | | |
| 21 | 4 | 8 | | | |
| 21 | 11 | 1 | | | |
| 32 | 0 | 1 | | | |

**5**

| A (20) | B (11) | C (10) | A (20) | B (11) | C (10) |
|---|---|---|---|---|---|
| 20 | 0 | 0 | 15 | 5 | 0 |
| 10 | 0 | 10 | 5 | 5 | 10 |
| 10 | 10 | 0 | 5 | 11 | 4 |
| 0 | 10 | 10 | 16 | 0 | 4 |
| 0 | 11 | 9 | 16 | 4 | 0 |
| 11 | 0 | 9 | 6 | 4 | 10 |
| 11 | 9 | 0 | 6 | 11 | 3 |
| 1 | 9 | 10 | 17 | 0 | 3 |
| 1 | 11 | 8 | 17 | 3 | 0 |
| 12 | 0 | 8 | 7 | 3 | 10 |
| 12 | 8 | 0 | 7 | 11 | 2 |
| 2 | 8 | 10 | 18 | 0 | 2 |
| 2 | 11 | 7 | 18 | 2 | 0 |
| 13 | 0 | 7 | 8 | 2 | 10 |
| 13 | 7 | 0 | 8 | 11 | 1 |
| 3 | 7 | 10 | 19 | 0 | 1 |
| 3 | 11 | 6 | 19 | 1 | 0 |
| 14 | 0 | 6 | 9 | 1 | 10 |
| 14 | 6 | 0 | 9 | 11 | 0 |
| 4 | 6 | 10 | 20 | 0 | 0 |
| 4 | 11 | 5 | | | |
| 15 | 0 | 5 | | | |

**6**

| A (50) | B (9) | C (2) |
|---|---|---|
| 50 | 0 | 0 |
| 48 | 0 | 2 |
| 48 | 2 | 0 |
| 46 | 2 | 2 |
| 46 | 4 | 0 |
| 44 | 4 | 2 |
| 44 | 6 | 0 |
| 42 | 6 | 2 |
| 42 | 8 | 0 |
| 40 | 8 | 2 |
| 40 | 9 | 1 |
| 49 | 0 | 1 |
| 49 | 1 | 0 |
| 47 | 1 | 2 |
| 47 | 3 | 0 |
| 45 | 3 | 2 |
| 45 | 5 | 0 |
| 43 | 5 | 2 |
| 43 | 7 | 0 |
| 41 | 7 | 2 |
| 41 | 9 | 0 |
| 50 | 0 | 0 |

| 7 | | |
|---|---|---|
| A (31) | B (12) | C (5) |
| 31 | 0 | 0 |
| 26 | 0 | 5 |
| 26 | 5 | 0 |
| 21 | 5 | 5 |
| 21 | 10 | 0 |
| 16 | 10 | 5 |
| 16 | 12 | 3 |
| 28 | 0 | 3 |
| 28 | 3 | 0 |
| 23 | 3 | 5 |
| 23 | 8 | 0 |
| 18 | 8 | 5 |
| 18 | 12 | 1 |
| 30 | 0 | 1 |
| 30 | 1 | 0 |
| 25 | 1 | 5 |
| 25 | 6 | 0 |
| 20 | 6 | 5 |
| 20 | 11 | 0 |
| 15 | 11 | 5 |
| 15 | 12 | 4 |
| 27 | 0 | 4 |
| 27 | 4 | 0 |
| 22 | 4 | 5 |
| 22 | 9 | 0 |
| 17 | 9 | 5 |
| 17 | 12 | 2 |
| 29 | 0 | 2 |
| 29 | 2 | 0 |
| 24 | 2 | 5 |
| 24 | 7 | 0 |
| 19 | 7 | 5 |
| 19 | 12 | 0 |
| 31 | 0 | 0 |

Man erkennt, dass bei den Beispielen 1, 2, 3, 5 in B alle Zahlen von 1 bis b und in A alle Zahlen von b + 1 bis a vorkommen. Dagegen fehlen bei den Beispielen 4, 6, 7 die Zahlen, welche kleiner als a — b — c und grösser als b sind. Fügt man bei jedem dieser drei Beispiele kurz vor dem Schluss noch die Umfüllung hinzu, durch welche B und C gleichzeitig ganz voll werden, so kommen in diesen Beispielen alle überhaupt erreichbaren Zahlen vor. So enthält No. 7 unter B alle Zahlen von 1 bis 12, unter A alle Zahlen von 31 — 12 — 5 = 14 bis 31, so dass nur die Zahl 13 fehlt.

Wenn man näher in das Wesen der angewandten Umfüllungs-Methode eindringt, so erkennt man, dass unter B, abgesehen von den wiederholt auftretenden Zahlen 0 und b, der Reihe nach die Vielfachen der Zahl c von 1 mal c bis b mal c erscheinen, wenn man jedes Vielfache immer, so oft es geht, um b vermindert. In No. 3, wo c = 7, b = 17 ist, sind diese Vielfachen von c der Reihe nach 7, 14, 21, 28, 35, 42, 49, 56, 63, 70, 77, 84, 91, 98, 105, 112, 119, woraus nach Subtraction von 17 oder 2 mal 17 u. s. w. die Reihe 7, 14, 4, 11, 1, 8, 15, 5, 12, 2, 9, 16, 6, 13, 3, 10, 0 erscheint, welche mit der Reihe der durch das Umgiessen entstehenden Zahlen genau übereinstimmt.

Wir haben noch den in den vorigen Beispielen ausgeschlossenen Fall zu prüfen, wo a kleiner ist als die um 1 verminderte Summe von b und c. In diesem Falle lassen sich unter B nicht alle Zahlen von 1 bis b erreichen. Man findet aber unter B alle Zahlen, die sich überhaupt erzielen lassen, wenn man die oben beschriebene Methode auch hier anwendet, und so lange fortsetzt, bis man auf eine Zahl stösst, die grösser als der Ueberschuss von a über c ist. Die sonst noch erreichbaren Zahlen ergeben sich unter A, wenn man die unter B erlangten Zahlen von a abzieht, und wenn man aus dem Gefäss A die anderen Gefässe füllt. Ist z. B. a = 20, b = 13, c = 9, so ist a kleiner als die um 1 verminderte Summe von b und c, wenn auch nur um 1 kleiner. Hier erscheinen unter B bei Befolgung unserer Methode ausser 0 und 13 die Vielfachen von 9, jede so oft wie möglich um 13 vermindert, also die Zahlen 9, 5, 1, 10, 6, 2, 11, 7, 3, 12. Schon hier bei 12 bricht aber die Reihe ab, da die arithmetisch nun noch folgenden Zahlen 8 und 4 beim Umfüllen unter B nicht erscheinen können, da, wenn in B 12 Liter sind und C leer ist, in A nur 8 Liter sein können, welche Quantität nicht genügt, um C ganz zu füllen. Da aber unter A die Zahlen erscheinen müssen, welche entstehen, wenn man die Zahlen der obigen Reihe von 20 oder von 20 minus 9 abzieht, so kommen dennoch die Zahlen 8 und 4 vor, aber nicht unter B, sondern unter A als 20 minus 12 bezw. als 20 minus 9 minus 7. Ebenso entstehen auch alle Zahlen zwischen 20 und 13, mit einziger Ausnahme der Zahl 16, die auf keinerlei Weise erreichbar ist. Als zweites Beispiel nehmen wir a = 16, b = 12, c = 7. Auch hier ist a kleiner als die um 1 verminderte Summe von b und c, und zwar um 2. Dann sind unter B ausser 0 und 12 nach einander die Zahlen 7, 2, 9, 4, 11 erreichbar. Dann aber muss die Reihe abbrechen. Ausserdem erscheinen unter A die Zahlen 16 — 7 = 9, 16 — 2 = 14, 16 — 9 = 7, 16 — 4 = 12, 16 — 11 = 5, sowie auch 16 — 7 — 7 = 2, 16 — 7 — 2 = 7, 16 — 7 — 9 = 0, 16 — 7 — 4 = 5. Unter C erscheinen die Zahlen 7, 2 mal 7 minus 12, 4 mal 7 minus 2 mal 12, so dass schliesslich die folgenden Zahlen ganz unerreichbar bleiben: 1, 3, 6, 8, 10, 13, 15, wie auch die nebenstehende ausführliche Darstellung der Umfüll-Methode zeigt.

| A (16) | B (12) | C (7) |
|---|---|---|
| 16 | 0 | 0 |
| 9 | 0 | 7 |
| 9 | 7 | 0 |
| 2 | 7 | 7 |
| 2 | 12 | 2 |
| 14 | 0 | 2 |
| 14 | 2 | 0 |
| 7 | 2 | 7 |
| 7 | 9 | 0 |
| 0 | 9 | 7 |
| 0 | 12 | 4 |
| 12 | 0 | 4 |
| 12 | 4 | 0 |
| 5 | 4 | 7 |
| 5 | 11 | 0 |

Es fragt sich nun, ob nicht vielleicht andere Methoden der Umfüllung denkbar sind, die dann vielleicht auch zu denjenigen Literzahlen führt, die nach der bisher befolgten Methode unerreichbarwaren. Eine nähere Untersuchung des Problems zeigt, dass in der That noch eine zweite Methode existirt, dass aber diese zu keinen andern Ergebnissen führt, wie die erste Methode, und dass insbesondere die erreichbaren sowohl wie die unerreichbaren Zahlen bei beiden Methoden übereinstimmen, aber in verschiedener Reihenfolge erscheinen. Namentlich zeigt sich auch, dass, wenn a, b, c die oben abgeleitete Bedingungs-Ungleichung erfüllen, alle Zahlen von 1 bis a erhalten werden können, nach der zweiten Methode ebenso gut, wie nach der ersten Methode. Diese zweite Methode lautet folgendermaassen:

| A (16) | B (11) | C (6) |
|---|---|---|
| 16 | 0 | 0 |
| 5 | 11 | 0 |
| 5 | 5 | 6 |
| 11 | 5 | 0 |
| 11 | 0 | 5 |
| 0 | 11 | 5 |
| 0 | 10 | 6 |
| 6 | 10 | 0 |
| 6 | 4 | 6 |
| 12 | 4 | 0 |
| 12 | 0 | 4 |
| 1 | 11 | 4 |
| 1 | 9 | 6 |
| 7 | 9 | 0 |
| 7 | 3 | 6 |
| 13 | 3 | 0 |
| 13 | 0 | 3 |
| 2 | 11 | 3 |
| 2 | 8 | 6 |
| 8 | 8 | 0 |
| 8 | 2 | 6 |
| 14 | 2 | 0 |
| 14 | 0 | 2 |
| 3 | 11 | 2 |
| 3 | 7 | 6 |
| 9 | 7 | 0 |
| 9 | 1 | 6 |
| 15 | 1 | 0 |
| 15 | 0 | 1 |
| 4 | 11 | 1 |
| 4 | 6 | 6 |
| 10 | 6 | 0 |
| 10 | 0 | 6 |
| 16 | 0 | 0 |

Man giesse aus A in B, bis B voll ist, dann aus B in C, bis C voll ist, dann den Inhalt von C in A, dann nochmal aus B in C, bis C voll ist, und dann aus dem vollen C in A, und wiederhole dies so lange, bis es nicht mehr gelingt, C aus B ganz zu füllen. Darauf giesse man trotzdem diesen Rest in C, so dass B leer wird. Nun fülle man von neuem aus A in B, bis B voll ist, und wiederhole nun den eben beschriebenen Process, bis wiederum in B weniger als c ist. Dann giesse man diesen Rest in C, fülle das leere B aus A, giesse aus B in C, bis C voll ist, u. s. w. Nach dieser Methode ist in dem beistehenden Beispiele verfahren. Man bemerke, dass, wenn die Bedingungs-Ungleichung über a erfüllt ist, die Reihenfolge der erreichten Zahlen-Tripel genau umgekehrt zu der bei der ersten Methode erlangten Reihenfolge ist. Ist aber jene Bedingungs-Ungleichung nicht erfüllt, so wird es vorkommen, dass in A nicht hinreichend Flüssigkeit ist, um B ganz füllen zu können

Dann hat man es soweit wie möglich zu füllen und in der Befolgung der Methode fortzufahren. Das Ergebniss aber ist dann, dass gewisse Zahlen als unerreichbar ausgeschlossen bleiben könnten, und zwar sind dies dann dieselben Zahlen, die auch bei der ersten Methode ausfallen mussten. Um dies zu verdeutlichen, behandeln wir das oben nach der ersten Methode durchgeführte Beispiel, wo a = 16, b = 12, c = 7 ist, jetzt auch nach der zweiten Methode. (Siehe nebenstehendes Beispiel.)

| A (16) | B (12) | C (7) |
|---|---|---|
| 16 | 0 | 0 |
| 4 | 12 | 0 |
| 4 | 5 | 7 |
| 11 | 5 | 0 |
| 11 | 0 | 5 |
| 0 | 11 | 5 |
| 0 | 9 | 7 |
| 7 | 9 | 0 |
| 7 | 2 | 7 |
| 14 | 2 | 0 |
| 14 | 0 | 2 |
| 2 | 12 | 2 |
| 2 | 7 | 7 |
| 9 | 7 | 0 |
| 9 | 0 | 7 |
| 16 | 0 | 0 |

Man sieht, dass wiederum die Zahlen 1, 3, 6, 8, 10, 13, 15 ausfallen, alle anderen Zahlen von 1 bis 16 aber erscheinen.

Was das Geschichtliche dieser Umfüllungs-Aufgaben anbetrifft, so finden sich dieselben zuerst wohl in Tartaglia's Schriften (erste Hälfte des 16. Jahrhunderts), dann bei Bachet in dessen Récréations, die 1612 zuerst erschienen. Im Anfang unseres Jahrhunderts zog Ozanam (1803) diese Aufgaben wieder ans Tageslicht, und seitdem sind sie in allen möglichen Büchern und Schriften, die Zahlenbelustigungen enthalten, zu finden. Eine kritische Behandlung dieser Aufgaben für den Fall, dass a, b, c beliebige Zahlen sind, und jede Zahl von 1 Liter bis a Liter durch Umgiessen erreicht werden soll, dürfte in diesem Artikel wohl zuerst geliefert sein.

## X. Das Problem der 15 Christen und der 15 Türken.

Bachet gab in seinen 1624 in Lyon erschienenen „problèmes plaisants“ das folgende Problem auf: „Auf einem Schiffe befanden sich 15 Christen und 15 Türken. Als ein gewaltiger Sturm sich erhoben hatte und das Schiff schon dem Untergang geweiht schien, erklärte der Capitän, dass, wenn 15 von den 30 auf dem Schiffe befindlichen Personen über Bord geworfen würden, das Schiff und das Leben der übrigen 15 Personen gerettet werden könnte. Diesem Rathe wollte man Folge leisten. Man kam überein, diejenigen 15, welche sich für die übrigen opfern sollten, auf folgende Weise zu bestimmen. Alle 30 Personen sollten sich in eine Reihe stellen, dann sollte wiederholt von 1 bis 9 gezählt werden, und immer derjenige über Bord geworfen werden, auf den die Zahl 9 fiel. Dabei sollte der erste als auf den letzten folgend angesehen werden, und nach jedesmaliger Ausscheidung des 9ten sollte bei der in der Reihe zunächst folgenden Person das Zählen von 1 bis 9 von neuem beginnen. Welche Plätze mussten die 15 Christen einnehmen, um zu erreichen, dass sie selbst sämmtlich verschont blieben und gerade die 15 Türken ins Meer zu werfen waren?“ Dieselbe Aufgabe findet sich auch bei Tartaglia, bei Ozanam und seitdem in allen Büchern, welche mathematische Unterhaltungs-Aufgaben enthalten, so dass wohl jeder Leser sich erinnern wird, diese Aufgabe oder eine geringfügige Abänderung derselben in seinem Leben schon einmal gelesen oder gehört zu haben. Die Lösung kann man durch Probiren leicht finden, wenn man sich 30 Striche macht, dann immer von 1 bis 9 zählt, jeden Strich, den die Zahl 9 trifft, irgendwie markirt und beim Weiterzählen nicht versäumt, die so markirten Striche zu überspringen. Auf solche Weise findet man die folgende Lösung des Problems:

d. h. in der Reihe müssen aufeinanderfolgen: 4 Christen, 5 Türken, 2 Christen, 1 Türke, 3 Christen, 1 Türke, 1 Christ, 2 Türken, 2 Christen, 3 Türken, 1 Christ, 2 Türken, 2 Christen, 1 Türke. Bachet fügte dieser Lösung auch ein mnemotechnisches Hilfsmittel hinzu, nämlich den Vers:

Mort, tu ne falliras pas
En me livrant le trépas!

Achtet man nur auf die Vocale dieses Verses, so hat man die Reihenfolge o, u, e, a, i, a, a, e, e, i, a, e, e, a, wo man für a als den ersten Vocal 1, für e 2, für i 3, für o 4, für u 5 zu setzen hat, um zu erkennen, wieviel Christen und wieviel Türken immer abwechseln müssen.

Ozanam gab einen lateinischen Vers, der in derselben Weise die Lösung kennzeichnet, nämlich:

Populeam virgam mater regina ferebat.

In einem englischen Buche über mathematische Kunststücke las ich folgenden Vers, um die Lösung zu merken:

From numbers' aid and art
Never will fame depart.

Ein deutscher Merk-Vers lautet:

Gott schlug den Mann in Amalek,
Den Israel bezwang.

Tartaglia theilte bei seiner Erörterung des Problems auch die Lösungen der Aufgaben mit, welche entstehen, wenn man irgend eine der zehn Zahlen von 3 bis 12 statt 9 einsetzt, und zwar gab er jede der zehn Lösungen durch einen italienischen Vers wieder, nach Art der obigen Verse.

Dem Gedanken, welcher dem besprochenen Probleme zu Grunde liegt, ist im Laufe der Zeit ausser dem türkisch-christlichen Gewande auch noch manches andere Gewand angezogen worden. So tritt uns in Freund's Räthselschatz (bei Reclam 1885 erschienen) die Aufgabe in zweifachem Kleide entgegen. Erstens sind an Stelle der 30 Schiffbrüchigen 30 Deserteure getreten, von denen 15 erschossen und 15 begnadigt werden sollen. Zweitens ist zwar der Gedanke der Schiffbrüchigkeit festgehalten worden; es sind aber an die Stelle der 15 Christen und der 15 Türken 16 Weisse und 16 Neger getreten, von denen natürlich die Neger zu opfern sind, und ausserdem soll nicht der Neunte, sondern der jedesmalige Zehnte über Bord geworfen werden, so dass eine „Decimirung“ im eigentlichen Sinne des Wortes gefordert wird. Fasst man als das Wesentliche des Problems nur dies auf, dass n Personen so anzuordnen sind, dass bei Entfernung immer desjenigen, der beim Abzählen als d-ter erscheint, gewisse im voraus bezeichnete Personen übrig bleiben, so lässt sich das Problem noch vor Bachet und Tartaglia weiter zurückverfolgen. Es kommt nämlich dann schon in der Schrift des Hegesippus „De bello Judaico“ vor, und zwar im 16. bis 18. Capitel des dritten Buches. Dort wird nämlich erzählt, dass nach der Zerstörung Jerusalems der berühmte Juden-Schriftsteller Josephus sich mit 40 andern Juden in einen Keller geflüchtet hatte, von denen alle, ausgenommen Josephus selbst und einer seiner Freunde, sich selbst tödteten, und dass dies auf folgende Weise zugegangen sei. Alle, ausser Josephus und seinem Freunde, erklärten, dass sie lieber sterben, als den Siegern in die Hände fallen wollten. Josephus, der sich scheute, seine Absicht, leben zu bleiben, zu offen auszusprechen, schlug vor, dass die Tödtung in einer gewissen Ordnung sich vollziehe. Sie möchten sich alle in eine Reihe stellen und dann solle der jedesmalige dritte sich den Tod geben, wobei der erste als auf den letzten folgend anzusehen sei. Der Vorschlag wurde angenommen, und dadurch, dass Josephus sich auf den 31sten Platz und seinen Freund auf den 16ten Platz stellte, rettete er sein und seines Freundes Leben, weil von den 41 Personen die übrigen 39 sich, dem angenommenen Vorschlage gemäss, schon vorher getödtet hatten, ehe die Abzählung unter den letzten beiden zu beginnen hatte. Dies ist wohl das älteste Vorkommen des Problems.

Auch bei den Abzähl-Spielen der Kinder tritt das Problem in die Erscheinung. Wenn z. B. bei einem Sommer-Ausflug einer Schulclasse „Räuber und Soldat“ gespielt werden soll, so stellen sich alle Schüler in einen Kreis und der begleitende Lehrer zählt ab, etwa von 1 bis 7. Diejenigen, welche als 7te zuerst auszutreten haben, werden Soldaten, die letzten werden Räuber, und der allerletzte wird das, was jeder am liebsten werden möchte, nämlich Räuberhauptmann. Wenn nun der Lehrer im Stande ist, zu berechnen, welchen Platz von vornherein derjenige einzunehmen hat, der zuletzt als Räuberhauptmann allein übrig bleibt, so kann er daraus entnehmen, bei welchem der um ihn stehenden Schüler er zu zählen anfangen muss, damit auch derjenige Räuberhauptmann wird, dem er aus pädagogischen Gründen diese Würde am liebsten geben möchte. Sind z. B. 41 Schüler da, so muss er, wie das eben besprochene Problem des Josephus lehrt, bei demjenigen Schüler anfangen zu zählen, welcher

30 Plätze vor dem in Aussicht genommenen Schüler steht, so dass dieser also als 31ter dasteht.

Wunderbarer Weise haben weder die älteren noch die neueren Verfasser von Büchern über mathematische Unterhaltungs-Aufgaben dem aus dem Probleme der 15 Christen und der 15 Türken hervorgehenden allgemeineren Probleme eine mathematische Behandlung widerfahren lassen. Ja, Herr Rouse Ball sagt in seinen „Mathematical recreations and problems" (London, II. Auflage, 1892) sogar (Seite 15), „dass Probleme, wie das der 15 Christen und der 15 Türken leicht durch empirisches Zählen gelöst werden können, dass es aber unmöglich ist, eine allgemeine Regel anzugeben". Der Verfasser dieser Artikel hat es daher für seine Pflicht gehalten, den Versuch einer mathematischen Behandlung zu machen. Dieser Versuch ist schliesslich vom besten Erfolge gekrönt gewesen. Da jedoch die mathematische Ueberlegung selbst mehr in eine rein mathematische Zeitschrift, als in dieses Büchelchen hineinpasst, so wird es genügen, wenn hier nur die Resultate der Untersuchung Platz finden. Diese lassen sich auch in einer für Nicht-Mathematiker verständlichen Form wiedergeben. Zunächst geben wir dem Problem folgende Fassung:

Auf einer Kreis-Peripherie liegen n Punkte, die, der Reihe nach, im Sinne eines Uhrzeigers, durch die Zahlen 1, 2, 3, . . . bis n bezeichnet sind. Man zählt, mit Punkt 1 beginnend, der Reihe nach, die Punkte bis zur Zahl d. Der Punkt, den die Zahl d trifft, wird ausgestrichen. Bei dem in der Reihe nächstfolgenden Punkte beginnt man wieder zu zählen, und zwar wieder von 1 bis d. Der Punkt, den jetzt die Zahl d trifft, wird auch ausgestrichen, und so setzt man dieses Verfahren fort, bis alle Punkte ausgestrichen sind, wobei man nie versäume, die ausgestrichenen Punkte beim Zählen zu überspringen. Es soll berechnet werden, welche Nummer der Punkt hat, der als erster, welche, der als zweiter, und überhaupt, welche Nummer x der Punkt hat, der als e-ter

Punkt ausgestrichen wird. Naturgemäss sind n, d, e, positive ganze Zahlen. Auch kann d kleiner, gleich oder grösser als n sein. Die Zahl e kann natürlich nicht grösser als n sein. Fragt man, welcher Punkt als letzter ausgestrichen wird, so hat man e = n zu setzen.

Zunächst ergiebt sich sehr einfach, dass, wenn man die gesuchte Nummer des ausgestrichenen Punktes immer mit x bezeichnet, x gleich d wird, wenn e gleich 1, und n nicht kleiner als d ist. Wenn ebenfalls e gleich 1, aber n kleiner als d ist, so ist x gleich dem Reste, der übrig bleibt, wenn man d durch n dividirt. Dies ist aus der Art des Abzählens unmittelbar ersichtlich. Damit sind für e = 1 alle Zahlen x bestimmt. Was die Zahlen für e = 2 angeht, so fand der Verfasser, dass dieselben aus denen für e = 1 dadurch hervorgehen, dass man die letzteren um d wachsen lässt; wenn man dabei auf eine Zahl stösst, die grösser als n ist, so hat man n einmal oder öfter abzuziehen, bis eine Zahl herauskommt, die nicht grösser als n ist. Doch ergiebt sich auf solche Weise aus einer für e = 1 richtigen Zahl diejenige für e = 2 richtige Zahl, welche sich auf eine um 1 grössere Zahl von Punkten bezieht. Beispielsweise ist für d = 3, e = 1, n = 3, x = 3. Aus x = 3 folgt nun die auf d = 3, e = 2 und n nicht gleich 3, sondern gleich 4 bezügliche Zahl, indem man zu der Zahl 3, die eben für x galt, d, also 3, hinzufügt. Dies giebt 6. Da 6 aber grösser als 4 ist, muss ich 4 abziehen, giebt 2. Dies heisst, dass, wenn man bei 4 Punkten immer von 1 bis 3 zählt, die als zweite ausgestrichene Zahl ursprünglich die zweite Stelle einnahm, was man leicht experimentell als richtig erkennt. In derselben Weise gehen nun aus den auf e = 2 und n bezüglichen Zahlen diejenigen hervor, die sich auf e = 3 und n + 1 beziehen. Beispielsweise sei hier die Tabelle der auf d = 3 bezüglichen Zahlen x zusammengestellt. Da man immer d zu addiren und ausserdem nur eventuell um n zu vermindern hat, so kann man eine solche Tabelle ohne Nebenrechnung aus dem Kopfe hinschreiben (vergl. folgende Tabelle 1).

| n | e=1 | e=2 | e=3 | e=4 | e=5 | e=6 | e=7 | e=8 | e=9 | e=10 | e=11 | e=12 | e=13 | e=14 |
|---|---|---|---|---|---|---|---|---|---|---|---|---|---|---|
| 1 | 1 | | | | | | | | | | | | | |
| 2 | 1 | 4–2 | | | | | | | | | | | | |
| 3 | 3 | 4–3 | 5–3 | | | | | | | | | | | |
| 4 | 3 | 6–4 | 4 | 5–4 | | | | | | | | | | |
| 5 | 3 | 6–5 | 5 | 7–5 | 4 | | | | | | | | | |
| 6 | 3 | 6 | 4 | 8–6 | 5 | 7–6 | | | | | | | | |
| 7 | 3 | 6 | 9–7 | 7 | 5 | 8–7 | 4 | | | | | | | |
| 8 | 3 | 6 | 9–8 | 5 | 10–8 | 8 | 4 | 7 | | | | | | |
| 9 | 3 | 6 | 9 | 4 | 8 | 5 | 2 | 7 | 10–9 | | | | | |
| 10 | 3 | 6 | 9 | 12–10 | 7 | 11–10 | 8 | 5 | 10 | 4 | | | | |
| 11 | 3 | 6 | 9 | 12–11 | 5 | 10 | 4 | 11 | 8 | 13–11 | 7 | | | |
| 12 | 3 | 6 | 9 | 12 | 4 | 8 | 13–12 | 7 | 14–12 | 11 | 5 | 10 | | |
| 13 | 3 | 6 | 9 | 12 | 15–13 | 7 | 11 | 4 | 10 | 5 | 14–13 | 8 | 13 | |
| 14 | 3 | 6 | 9 | 12 | 15–14 | 5 | 10 | 14 | 7 | 13 | 8 | 4 | 11 | 16–14 |
| 15 | 3 | 6 | 9 | 12 | 15 | 4 | 8 | 13 | 17–15 | 10 | 16–15 | 11 | 7 | 14 |
| 16 | 3 | 6 | 9 | 12 | 15 | 18–16 | 7 | 11 | 16 | 5 | 13 | 4 | 14 | 10 |
| 17 | 3 | 6 | 9 | 12 | 15 | 18–17 | 5 | 10 | 14 | 19–17 | 8 | 16 | 7 | 17 |

**Tabelle 1.**

Es ist nun leicht, die Tabelle beliebig weit fortzusetzen. Die schrägen Pfeile deuten die schrägen Reihen an, in denen jede Zahl aus der links drüber befindlichen durch Addition des Werthes 3 von d hervorgeht. Da, wo mehr als n herauskommt, ist die nothwendig gewordene Subtraction von d durch eine unausgerechnet geschriebene Differenz sichtbar gemacht. Um ein zweites grösseres Beispiel zu haben, schreiben wir in derselben Weise alle sich für d = 9, n gleich 1 bis 30, e gleich 1 bis 30 ergebenden Werthe. Die letzte Reihe giebt dann die Lösung des Problems der 15 Christen und der 15 Türken, und zwar nicht allein in der dort geforderten Form, sondern auch so, dass man erkennt, in welcher Reihenfolge die 15 Türken über Bord geworfen werden. Bei der vorigen wie bei der nachfolgenden Tabelle beachte man den wichtigen Umstand, dass immer die n Zahlen, die in derselben Reihe mit n stehen, alle Zahlen von 1 bis n umfassen müssen, so dass nie eine solche horizontale Reihe von n Resultaten eine und dieselbe Zahl doppelt aufweisen kann. Hierdurch wird eine wichtige Controle bei der allmählichen Berechnung der Tabelle geliefert. Die nachfolgende Tabelle löst alle Aufgaben, die sich auf d = 9 beziehen, wenn n eine der Zahlen von 1 bis 30 ist. Beispielsweise seien 28 Schüler in einer Classe. Der, welcher beim Abzählen von 1 bis 9 und Entfernung des jedesmaligen 9ten schliesslich allein übrig bleibt, soll für die Reinigung der Tafel sorgen. Welchen Platz hat der, dem dieses Amt schliesslich zufällt? Unsere Tabelle ergiebt für n = 28 und e = 28, dass derselbe den dritten Classenplatz inne hat (vergl. Tabelle 2, Seite 128).

Die bisher auseinandergesetzte Methode, um bei gegebenen Zahlen d, n, e das zugehörige x zu finden, verlangt, dass man erst die Zahlen x für kleinere n nach einander berechnet, ehe man den Werth der Zahlen x für n selbst finden kann. Es fragt sich nun, ob nicht die Mathematik Mittel liefert, um direct aus den gegebenen Zahlen d, n, e das zugehörige x zu finden. Dies ist in der That möglich. Um diese directe Auffindung

| n | 1 | 2 | 3 | 4 | 5 | 6 | 7 | 8 | 9 | 10 | 11 | 12 | 13 | 14 | 15 | 16 | 17 | 18 | 19 | 20 | 21 | 22 | 23 | 24 | 25 | 26 | 27 | 28 | 29 | 30 |
|---|---|---|---|---|---|---|---|---|---|---|---|---|---|---|---|---|---|---|---|---|---|---|---|---|---|---|---|---|---|---|
| 1 | 1 | | | | | | | | | | | | | | | | | | | | | | | | | | | | | |
| 2 | 1 | 2 | | | | | | | | | | | | | | | | | | | | | | | | | | | | |
| 3 | 3 | 1 | 2 | | | | | | | | | | | | | | | | | | | | | | | | | | | |
| 4 | 1 | 4 | 2 | 3 | | | | | | | | | | | | | | | | | | | | | | | | | | |
| 5 | 4 | 5 | 3 | 1 | 2 | | | | | | | | | | | | | | | | | | | | | | | | | |
| 6 | 3 | 1 | 2 | 6 | 4 | 5 | | | | | | | | | | | | | | | | | | | | | | | | |
| 7 | 2 | 5 | 3 | 4 | 1 | 6 | 7 | | | | | | | | | | | | | | | | | | | | | | | |
| 8 | 1 | 3 | 6 | 4 | 5 | 2 | 7 | 8 | | | | | | | | | | | | | | | | | | | | | | |
| 9 | 9 | 1 | 3 | 6 | 4 | 5 | 2 | 7 | 8 | | | | | | | | | | | | | | | | | | | | | |
| 10 | 9 | 8 | 10 | 2 | 5 | 3 | 4 | 1 | 6 | 7 | | | | | | | | | | | | | | | | | | | | |
| 11 | 9 | 7 | 6 | 8 | 11 | 3 | 1 | 2 | 10 | 4 | 5 | | | | | | | | | | | | | | | | | | | |
| 12 | 9 | 6 | 4 | 3 | 5 | 8 | 12 | 10 | 11 | 7 | 1 | 2 | | | | | | | | | | | | | | | | | | |
| 13 | 9 | 5 | 2 | 13 | 12 | 1 | 4 | 8 | 6 | 7 | 3 | 10 | 11 | | | | | | | | | | | | | | | | | |
| 14 | 9 | 4 | 14 | 11 | 8 | 7 | 10 | 13 | 3 | 1 | 2 | 12 | 5 | 6 | | | | | | | | | | | | | | | | |
| 15 | 9 | 3 | 13 | 8 | 5 | 2 | 1 | 4 | 7 | 12 | 10 | 11 | 6 | 14 | 15 | | | | | | | | | | | | | | | |
| 16 | 9 | 2 | 12 | 6 | 1 | 14 | 11 | 10 | 13 | 16 | 5 | 3 | 4 | 15 | 7 | 8 | | | | | | | | | | | | | | |
| 17 | 9 | 1 | 11 | 4 | 15 | 10 | 6 | 3 | 2 | 5 | 8 | 14 | 12 | 13 | 7 | 16 | 17 | | | | | | | | | | | | | |
| 18 | 9 | 18 | 10 | 2 | 13 | 6 | 1 | 15 | 12 | 11 | 14 | 17 | 5 | 3 | 4 | 16 | 7 | 8 | | | | | | | | | | | | |
| 19 | 9 | 18 | 8 | 19 | 11 | 3 | 15 | 10 | 5 | 2 | 1 | 4 | 7 | 14 | 12 | 13 | 6 | 16 | 17 | | | | | | | | | | | |
| 20 | 9 | 18 | 7 | 17 | 8 | 20 | 12 | 4 | 19 | 14 | 11 | 10 | 13 | 16 | 3 | 1 | 2 | 15 | 5 | 6 | | | | | | | | | | |
| 21 | 9 | 18 | 6 | 16 | 5 | 17 | 8 | 21 | 13 | 7 | 2 | 20 | 19 | 1 | 4 | 12 | 10 | 11 | 3 | 14 | 15 | | | | | | | | | |
| 22 | 9 | 18 | 5 | 15 | 3 | 14 | 4 | 17 | 8 | 22 | 16 | 11 | 7 | 6 | 10 | 13 | 21 | 19 | 20 | 12 | 1 | 2 | | | | | | | | |
| 23 | 9 | 18 | 4 | 14 | 1 | 12 | 23 | 13 | 3 | 17 | 8 | 2 | 20 | 16 | 15 | 19 | 22 | 7 | 5 | 6 | 21 | 10 | 11 | | | | | | | |
| 24 | 9 | 18 | 3 | 13 | 23 | 10 | 21 | 8 | 22 | 12 | 2 | 17 | 11 | 5 | 1 | 24 | 4 | 7 | 16 | 14 | 15 | 6 | 19 | 20 | | | | | | |
| 25 | 9 | 18 | 2 | 12 | 22 | 7 | 19 | 5 | 17 | 6 | 21 | 11 | 1 | 20 | 14 | 10 | 8 | 13 | 16 | 25 | 23 | 24 | 15 | 3 | 4 | | | | | |
| 26 | 9 | 18 | 1 | 11 | 21 | 5 | 16 | 2 | 14 | 26 | 15 | 4 | 20 | 10 | 3 | 23 | 19 | 17 | 22 | 25 | 8 | 6 | 7 | 24 | 12 | 13 | | | | |
| 27 | 9 | 18 | 27 | 10 | 20 | 3 | 14 | 25 | 11 | 23 | 8 | 24 | 13 | 2 | 19 | 12 | 5 | 1 | 26 | 4 | 7 | 17 | 15 | 16 | 6 | 21 | 22 | | | |
| 28 | 9 | 18 | 27 | 8 | 19 | 1 | 12 | 23 | 6 | 20 | 4 | 17 | 5 | 22 | 11 | 28 | 21 | 14 | 10 | 7 | 13 | 16 | 26 | 24 | 25 | 15 | 2 | 3 | | |
| 29 | 9 | 18 | 27 | 7 | 17 | 28 | 10 | 21 | 3 | 15 | 29 | 13 | 26 | 14 | 2 | 20 | 8 | 1 | 23 | 19 | 16 | 22 | 25 | 6 | 4 | 5 | 24 | 11 | 12 | |
| 30 | 9 | 18 | 27 | 6 | 16 | 26 | 7 | 19 | 30 | 12 | 24 | 8 | 22 | 5 | 23 | 11 | 29 | 17 | 10 | 2 | 28 | 25 | 1 | 4 | 15 | 13 | 14 | 3 | 20 | 21 |

**Tabelle 2.**

der Lösung unseres Problems verständlich zu machen, muss ich einige Erklärungen vorausschicken. Eine geometrische Reihe ist bekanntlich eine Reihe von Zahlen, bei denen jede folgende aus der unmittelbar vorangehenden entsteht, indem man diese mit einer und derselben Zahl, dem *constanten Quotienten der Reihe*, multiplicirt. So sind

$$1, 2, 4, 8, 16, 32, \ldots.$$
$$16, 20, 25, 31\tfrac{1}{4}, 39\tfrac{1}{16}, \ldots.$$

geometrische Reihen, deren Anfangsglieder 1 bezw. 16 heissen, und deren constante Quotienten 2 bezw. $\frac{5}{4}$ sind. Ist nun der constante Quotient keine ganze Zahl, sondern ein Bruch, so müssen auch die Glieder der Reihe entweder sofort oder später gebrochene Zahlen werden, gleichviel, wie das Anfangsglied hiess. Wenn man nun in diesem Falle, sobald ein Bruch entsteht, immer die *nächst grössere ganze* Zahl dafür setzt, und dann auch diese ganze Zahl mit dem constanten Quotienten multiplicirt, um das nächste Glied zu erhalten, so bekommt man eine Reihe von lauter ganzen Zahlen, die natürlich nicht mehr eine genaue geometrische Reihe darstellt, und die wir eine *ganzzahlige Reihe* nennen wollen. Um diese Erklärung zu verdeutlichen, folgen hier einige solche Reihen, bei denen immer das Anfangsglied a, der constante Quotient q genannt ist:

1) $a = 1$, $q = \frac{3}{2}$ giebt: 1, 2, 3, 5, 8, 12, 18, 27, 41, 62, 93, 140, ....

2) $a = 10$, $q = \frac{11}{10}$ giebt: 10, 11, 13, 15, 17, 19, 21, 24, 27, ....

3) $a = 25$, $q = \frac{6}{5}$ giebt: 25, 30, 36, 44, 53, 64, 77, 93, ....

Nach Feststellung dieses Begriffs lässt sich das Resultat des Verfassers bezüglich einer directeren Ermittelung der Platznummer x bei unserm Problem, wie folgt, darstellen: *Man subtrahire e von n, multiplicire die Differenz mit d und addire dann 1.* Die so erhaltene Zahl nehme man als Anfangsglied einer „ganzzahligen Reihe“, als deren Quotient man d dividirt durch die um 1 verminderte Zahl d zu nehmen hat. Dann bestimme man in dieser Reihe das grösste von allen Gliedern, die noch nicht grösser als das Product von d und n sind. Der um 1 vermehrte Unterschied zwischen dem so bestimmten Gliede und dem eben genannten Producte ist stets die genaue Platznummer x. Hierfür einige Beispiele:

1) $d = 3$, $n = 14$, $e = 13$ (vgl. die erste der beiden obigen Tabellen). Man hat also 14 Punkte, zählt immer bis 3 und fragt, welcher Punkt als vorletzter ausgestrichen wird. Das Anfangsglied ist $d(n - e) + 1 = 3 \cdot 1 + 1 = 4$. Der constante Quotient ist $\frac{3}{2}$, das Product $d \cdot n = 42$. Die Reihe heisst daher:

$$4,\ 6,\ 9,\ 14,\ 21,\ 32,\ 48.$$

Hier kann abgebrochen werden, da 48 schon grösser als 42 ist. Man hat also 32 zu wählen, von 42 abzuziehen, giebt 10, dazu 1 zu addiren. Also scheidet der 11te Punkt als vorletzter aus, wie auch aus der Tabelle hervorgeht.

2) $d = 10$, $n = 8$, $e = 8$. Man hat also 8 Punkte, zählt immer bis 10, und fragt, welcher Punkt zuletzt auszustreichen ist. Das Anfangsglied $d(n - e) + 1$ giebt hier 1. Der constante Quotient der Reihe ist $\frac{10}{9}$. Also fängt die Reihe an mit 1, 2, 3, .... Man kann jedoch sofort mit den Gliedern 9, 10 beginnen, da die voraufgehenden Glieder ja alle Zahlen unter 9 sein müssen. So bekommen wir:

$$9,\ 10,\ 12,\ 14,\ 16,\ 18,\ 20,\ 23,\ 26,\ 29,\ 33,\ 37,\ 42,$$
$$47,\ 53,\ 59,\ 66,\ 74,\ 83.$$

Da $d \cdot n$ gleich 80 ist, so ist die Zahl 74 zu wählen, die um 6 kleiner ist als 80. Also ist $6 + 1 = 7$ die Nummer des Punktes, der zuletzt gestrichen wird.

3) Welchen Platz hatte der Türke, der, gemäss der ursprünglichen Fassung des Problems, zuletzt über Bord

geworfen wurde? Hier ist $d = 9$, $n = 30$, $e = 15$. Das Anfangsglied ist $d(n - e) + 1 = 136$. Der constante Quotient $\frac{9}{8}$, das Product, bis zu welchem die Reihe fortzusetzen ist, 270. Also:

136, 153, 173, 195, 220, 248, 279.

Daher ist 248 zu wählen, $270 - 248 + 1 = 23$. Folglich hatte der letzte geopferte Türke den 23ten Platz, wie auch die obige Tabelle zeigt.

4) Es sei die oben erwähnte im Räthselschatz von Dr. Freund mit Nr. 269 bezeichnete Aufgabe zu lösen, bei welcher $n = 32$, $d = 10$, $e = 1$ bis 16 ist. Bezeichnet man die Werthe von x, die für $e = 1, 2, 3, \ldots$ herauskommen, bezw. mit $x_1, x_2, x_3, \ldots$, so hat man, um $x_1, x_2, \ldots$ zu finden, ganzzahlige Reihen aufzustellen, deren Anfangsglieder bezw. 311, 301, 291 u. s. w. sind, und deren constanter Quotient übereinstimmend $\frac{10}{9}$ beträgt. Das maassgebende Product, das von den zu wählenden Gliedern der Reihe nicht überschritten werden darf, ist 320. Also kommt: $x_1 = 1 + 320 - 311 = 10$, $x_2 = 20$, $x_3 = 30$, wie auch unmittelbar ersichtlich ist. Um $x_4$ bis $x_{16}$ zu bilden, haben wir die folgenden Reihen zu beachten. Die letzte Zahl der Reihe ist immer von 321 abzuziehen, um den Werth von x zu liefern:

281, 313, also $x_4 = 8$,
271, 302, also $x_5 = 19$,
261, 290, also $x_6 = 31$,
251, 279, 310, also $x_7 = 11$,
241, 268, 298, also $x_8 = 23$,
231, 257, 286, 318, also $x_9 = 3$,
221, 246, 274, 305, also $x_{10} = 16$,
211, 235, 262, 292, also $x_{11} = 29$,
201, 224, 249, 277, 308, also $x_{12} = 13$,
191, 213, 237, 264, 294, also $x_{13} = 27$,
181, 202, 225, 250, 278, 309, also $x_{14} = 12$,
171, 190, 212, 236, 263, 293, also $x_{15} = 28$,
161, 179, 199, 222, 247, 275, 306, also $x_{16} = 15$.

Die Neger müssen demnach den 3ten, 8ten, 10ten, 11ten,

12ten, 13ten, 15ten, 16ten, 19ten, 20ten, 23ten, 27ten, 28ten, 29ten, 30ten, 31ten Platz einnehmen.

Zum Schluss sei noch erwähnt, dass, wenn $d = 2$ ist, der constante Quotient der Reihe $\frac{2}{1} = 2$ wird, so dass eine wirkliche geometrische Reihe entsteht, wodurch die Berechnung des Gliedes dieser Reihe, um das $2n + 1$ vermindert werden muss, sehr erleichtert wird. Ist ausser $d = 2$, auch $e = n$, so hat man einfach $2n + 1$ um die nächst niedere Potenz von 2 zu vermindern. Sind z. B. 100 Personen abzuzählen, indem man immer nur bis 2 zählt, so ergiebt sich die Platznummer desjenigen, der zuletzt allein übrig bleibt, wenn man 201 um die nächst niedere Potenz von 2, also um 128 vermindert. So erhält man, dass der 73te zuletzt allein übrig bleibt.

## XI. Die Euler'schen Wanderungsaufgaben.

Innerhalb Königsbergs bildet der Pregel eine „Kneiphof" genannte Insel. Ueber die beiden Flussarme, welche diese Insel bilden, führen 7 Brücken, von denen 5 auf die Insel selbst führen, und 2 die beiden Arme schon vorher überschreiten, ehe dieselben die Insel umschliessen, wie beistehende Figur zeigt.

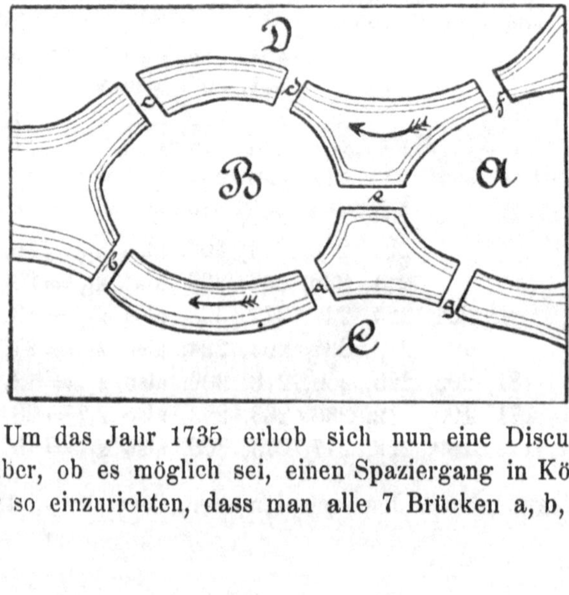


Um das Jahr 1735 erhob sich nun eine Discussion darüber, ob es möglich sei, einen Spaziergang in Königsberg so einzurichten, dass man alle 7 Brücken a, b, c, d, e, f, g in beliebiger Reihenfolge, jede aber nur einmal passirt. Jeder Leser wird bald erkennen, dass ein solcher Spaziergang unmöglich ist. Als der berühmte Mathematiker Leonhard Euler von diesem Problem hörte, verallgemeinerte er dasselbe, indem er sich statt der vier Landflächen A, B, C, D eine beliebige Anzahl dachte, zwischen denen sich beliebige Wasserläufe und Brücken befänden. Er schrieb eine Abhandlung darüber, die er 1736 der Petersburger Akademie vorlegte, und eröffnete damit in der Mathematik eine neue Untersuchungsrichtung, die „Analysis situs" heisst, und die man auch mathematische Topologie nennen könnte. Da es bei solchen Problemen nicht auf die Grösse der Landflächen und Brücken, sondern nur auf die Vielfachheit der Zugänglichkeit ankommt, so ersetzt man, um die Uebersicht zu erleichtern, die Landflächen durch Punkte und die Brücken durch gerade oder krumme Linien. So entsteht aus dem Problem der Königsberger Brücken das Problem, die beistehende Figur in einem einzigen Zuge herzustellen, oder, was dasselbe ist, die 7 Linien der Figur ohne Unterbrechung so zu durchwandern, dass jede Linie einmal, aber auch nur einmal passirt wird. Aus diesem Problem sind die mannigfachen Aufgaben entstanden, welche verlangen, eine beliebige Figur in einem einzigen Zuge oder in einer vorgeschriebenen Anzahl von Zügen zu zeichnen, Aufgaben, welche gelegentlich in Unterhaltungs- und in Jugend-Zeitschriften auftreten. Die Lösung aller solcher Probleme gestaltet sich durch die folgende Ueberlegung äusserst einfach. Jeder Punkt, der nicht Anfangs- und nicht Endpunkt einer Durchwanderung der Figur ist, muss zwei oder vier oder sechs oder überhaupt eine gerade Anzahl von Ausgängen haben, da man immer hin- und auch wieder fortwandern muss. Wenn also eine Figur keine Punkte mit einer ungeraden Anzahl von Zugängen, sondern nur solche mit einer geraden Anzahl von Zugängen besitzt,

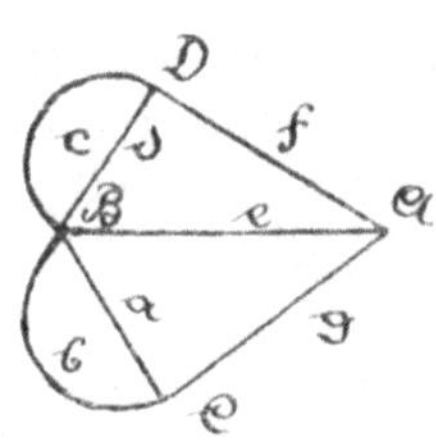

so muss sie immer in einem einzigen Zuge herstellbar sein und jeder Punkt kann als Ausgangspunkt gewählt werden, muss aber dann auch zugleich Schlusspunkt der Wanderung sein, sodass sich eine geschlossene Rundreise ergiebt. So lässt sich jede der folgenden beiden Figuren leicht in einem einzigen Zuge herstellen, weil jede nur Punkte enthält, die eine gerade Zahl von Ausgängen haben.

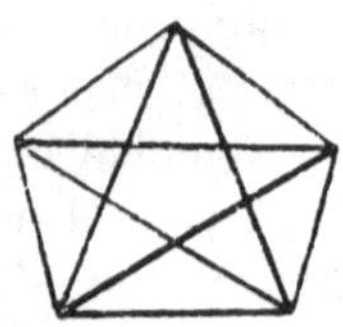

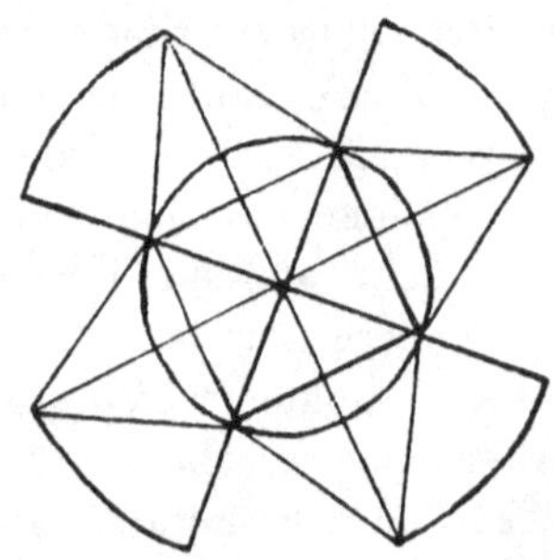

Was die Punkte mit einer ungeraden Anzahl von Ausgängen anbetrifft, so lässt sich zunächst beweisen, dass solche Punkte immer nur in gerader Anzahl vorhanden sein können. Um dies einzusehen, denke man sich auf jeden Punkt die Zahl seiner Ausgänge hingeschrieben. Die Gesammtsumme der so erhaltenen Zahlen muss ergeben, wieviel Linien die Figur besitzt, wobei jedoch zu beachten ist, dass jede Linie dabei sowohl in ihrem einen, wie in ihrem andern Endpunkte gerechnet ist, sodass also jede Linie doppelt gezählt ist. Folglich ist jene Gesammtsumme das Doppelte der Anzahl aller Linien, also eine gerade Zahl. Von dieser geraden Zahl denke man sich alle geraden Zahlen abgezogen, welche bei den sämmtlichen Punkten der Figur stehen. Die wiederum gerade Zahl, welche als Differenz entsteht, giebt an, wieviel Ausgänge alle diejenigen Punkte zusammen haben, die eine ungerade Zahl von Ausgängen haben. Da man nun von jeder ungeraden Zahl eine gerade Zahl abzuziehen hat, um die Zahl 1 zu erhalten, so ergiebt sich als Anzahl der Punkte mit einer ungeraden Zahl von Ausgängen das Resultat, das entsteht, wenn man von der oben erhaltenen geraden Zahl lauter gerade Zahlen abzieht, also schliesslich wieder eine gerade Zahl.

Betrachten wir demgemäss zunächst eine Figur, welche ausser Punkten, von denen eine gerade Anzahl von Wegen abführt, nur zwei Punkte besitzt, von denen eine ungerade Zahl von Wegen ausgeht. Dann kann keiner dieser beiden Punkte Zwischenstation auf einer Wanderung über die Linien dieser Figur sein, weil man immer nach Erreichung eines Punktes auf dem einen Wege, auf einem andern Wege ihn wieder verlassen muss, was nur bei einer geraden Anzahl von Zugängen fortdauernd erreichbar ist. Folglich muss der eine der beiden Punkte mit ungerader Ausgangszahl Anfangsstation, der andere Endstation werden. Beispielsweise lässt sich die beistehende Figur auf mehrfache Weise in einem einzigen Zuge herstellen, aber nur, wenn von den Punkten A und Z der eine Anfangspunkt, der andere Schlusspunkt wird. Eine solche Wanderung ist z. B.: ABJLCZDNMEAMFNZLGJAHJKLHKMHNKZ.

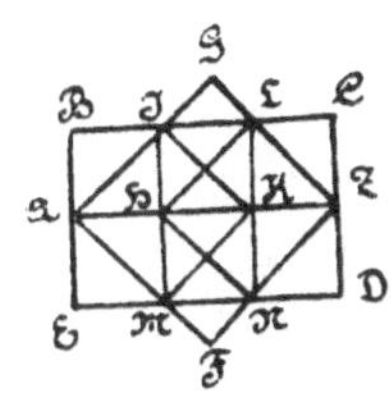

In derselben Weise erkennt man nun leicht, dass, wenn eine Figur 4 Punkte mit ungerader Ausgangszahl enthält, sie nicht in einem einzigen Zuge, wohl aber in zwei Zügen gezeichnet werden kann, indem von den 4 Punkten zwei für den einen und zwei für den andern Zug als Anfangs- und Schlusspunkt gewählt werden. Allgemein ergiebt sich, dass jede Figur immer in soviel Zügen hergestellt werden kann, wie die Hälfte der Anzahl sämmtlicher Punkte beträgt, die eine ungerade Anzahl von Ausgängen haben. Wenn wir diese Regel auf das Problem der Königsberger Brücken anwenden, so haben wir zu beachten, dass von den 4 Punkten A, B, C, D (vergl. die obigen Figuren) A3, B5, C3, D3 Ausgänge hat, und schliessen daraus, dass die 7 Brücken von Königsberg nur auf zwei Wanderungen mit verschiedenen Anfangs- und Endpunkten passirt werden können, wenn es darauf ankommt, dass jede Brücke nur einmal betreten wird,

z. B. auf den Wegen ADBCBD und BAC. Dabei hat man natürlich von den beiden Wegen zwischen D und B beziehungsweise B und C zuerst den einen, nachher den andern zu wählen. Um ein zweites Beispiel zu haben, betrachten wir die beistehende Figur des pythagoräischen Lehrsatzes mit dem zum Beweise nothwendigen Lothe

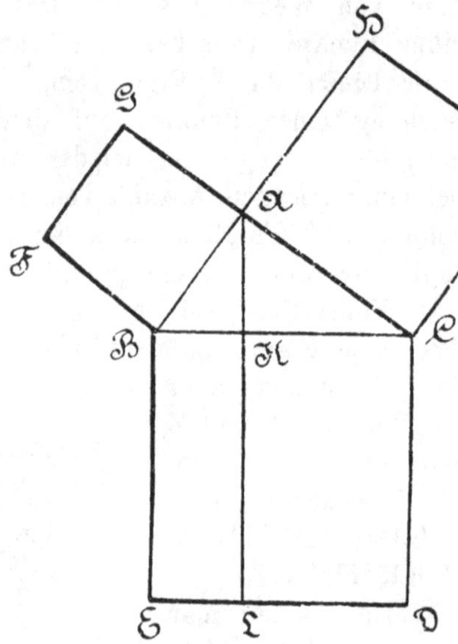


von A auf ED. Da nur die Punkte A und L eine ungerade Anzahl von Ausgängen haben, so ist die Figur in einem einzigen Zuge zu zeichnen, wenn man bei A anfängt und bei L aufhört oder umgekehrt. Z. B. erfüllt der Weg ABKCAHJCDLEBFGAKL die gestellte Bedingung. Um drittens zu entscheiden, in wieviel Zügen die Figur des Schachbretts herzustellen ist, beachte man, dass von den 81 Punkten dieser Figur die 4 Ecken zwei Ausgänge und die 49 inneren Punkte je vier Ausgänge haben, sodass bloss die 4mal 7 Punkte, welche am Rande liegen und nicht Ecken sind, als Punkte mit 3, also mit ungerader Zahl von Ausgängen übrig bleiben. Da die Hälfte von 4mal 7 14 beträgt, so muss die Figur des Schachbretts in 14 Zügen hergestellt werden können, was auf mannigfache Weise leicht gelingt.

Von den verschiedenartigen Einkleidungen, die man den aus dem Problem der Königsberger Brücken hervorgegangenen Aufgaben gegeben hat, sind besonders zwei beachtenswerth. Die erste Einkleidung setzt an die Stelle der Punkte Länder und an die Stelle der Linien zu überschreitende Grenzen zwischen diesen Ländern. So würde

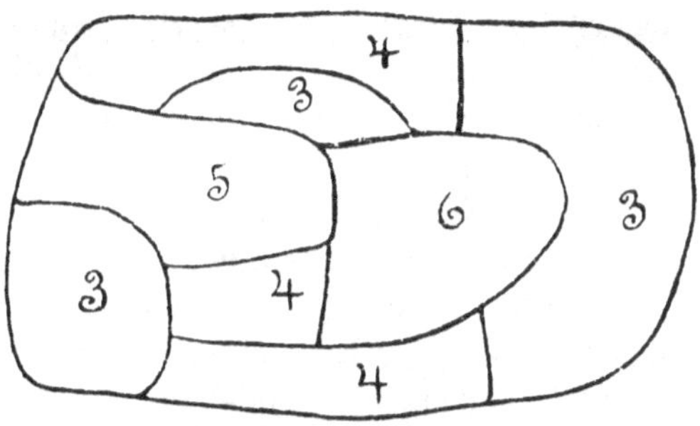


ein Continent, der die vorstehende Gestalt hat, in zwei Wanderungen bereist werden können, weil vier von seinen 8 Ländern eine ungerade Anzahl von Grenzen gegen andere Länder haben. Die in jedes Land eingeschriebene Zahl bedeutet nämlich die Anzahl der an dasselbe angrenzenden Länder, während man sich ausserhalb der Figur überall Meer zu denken hat.

Die zweite Einkleidung überträgt die in einer Ebene gedachten Resultate auf den Raum, indem sie an die Stelle von Punkten und Linien der Ebene Körper setzt, die aus Flächen, Kanten und Ecken sich zusammensetzen. Die Aufgabe besteht dann darin, sämmtliche Kanten zu passiren, jede aber nur einmal. Dabei kann man als Stationen entweder die Ecken oder die Flächen auffassen. Je nachdem hat man dann zu überlegen, welche Ecken eine ungerade Anzahl von Kanten aussenden oder welche Flächen eine ungerade Anzahl von Seiten besitzen. Beispielsweise hat ein Würfel 8 Ecken, von denen jede 3 Kanten aussendet und 6 Flächen, von denen jede 4 Kanten enthält. Daher können die 12 Kanten eines Würfels erst in nicht weniger als 4 Wanderungen sämmtlich beschritten werden, wenn man nur zwischen den

Ecken wandert. Dagegen gelingt es, in einer einzigen Wanderung alle Flächen zu besuchen und dabei jede Kante einmal zu überschreiten.

## XII. Die Hamilton'sche Rundreise-Aufgabe.

Im Jahre 1859 erschienen in London zwei Geduldspiele, welche von dem berühmten Mathematiker Hamilton, dem Entdecker der Quaternionen-Theorie, erfunden waren und ursprünglich beide dazu dienten, Beispiele für gewisse Berechnungen in dieser Theorie zu liefern. Das eine Spiel hiess „Die Reisenden auf dem Dodekaeder oder eine Reise um die Welt“, das andere „Das Ikosaeder-Spiel“. Beide Spiele sind wesentlich nicht verschieden, sie ähneln äusserlich den in XI behandelten „Eulerschen Wanderungen“, sind aber, bei näherer Betrachtung, von diesen ganz verschieden. Das Dodekaeder-Spiel verlangt, durch Wanderung auf den Kanten eines regelmässigen Dodekaeders dessen 20 Ecken zu erreichen, jede aber nur einmal, und schliesslich auf den Ausgangspunkt zurück zu kehren. Das analoge Ikosaeder-Spiel verlangt, die 20 Flächen eines regelmässigen Ikosaeders so zu bereisen, dass jede Fläche nur einmal besucht wird, und der Uebergang von einer Fläche zu einer andern auf keine andere Weise als durch Ueberschreitung der Kante geschieht, in der sich beide Flächen schneiden. Da die beiden Aufgaben nur scheinbar verschieden sind, so wollen wir nur die Dodekaeder-Aufgabe näher betrachten.

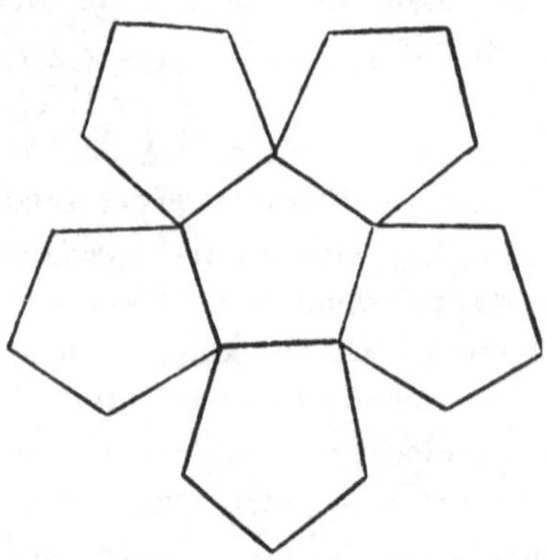

Zur Vorstellung eines regulären Dodekaeders gelangt der Laie am einfachsten dadurch, dass er die beistehende Figur ansieht, und sich denkt, dass die äusseren fünf Fünfecke um die Kanten des inneren Fünfecks nach oben umgebogen werden. Auf das so entstandene Kästchen hat man sich denn ein genau ebenso geformtes Kästchen so aufgesetzt zu denken, dass ganz oben wagerecht das innere Fünfeck des zweiten Kästchens zu liegen kommt, und die oberen Kanten des unteren Kästchens mit den unteren Kanten des oberen Kästchens zusammenfallen. Der so entstehende Körper wird von 12 Fünfecken begrenzt, sodass 20 Ecken entstehen, von denen jede 3 Kanten und also auch 3 Flächen aussendet. Als Gesammtzahl aller Kanten ergiebt sich 30. Da der Körper lauter gleiche Kanten, lauter gleiche Winkel zwischen zwei Kanten und auch lauter gleiche Winkel zwischen zwei Flächen besitzt, so gehört er zu den 5 regulären Körpern. Die Dodekaeder-Aufgabe verlangt nun, dass auf einer Wanderung von irgend einem Punkte aus längs des Kanten-Netzes jede der 20 Ecken einmal, aber auch nur einmal, berührt wird, und dass die Wanderung schliesslich zu dem Ausgangspunkte zurückführt. Da nicht jeder ein Dodekaeder-Modell leicht zur Hand hat, und die Mühe wohl scheut, sich selbst eins zu verfertigen, so liegt es nahe, zu fragen, ob man nicht die auf einen Körper bezügliche Aufgabe durch eine Aufgabe ersetzen kann, die sich auf eine leicht zeichenbare ebene Figur bezieht, ohne dadurch das Wesentliche der Aufgabe zu beeinträchtigen. Das Wesentliche aber ist ja nicht, dass das zu durchwandernde Kanten-Netz einem Körper angehört, sondern nur, dass man 20 Punkte hat, die durch 30 Linien so verbunden sind, dass von jedem Punkte drei ausgehen, und ausserdem noch, dass diese Linien und Punkte 12 von geraden oder krummen Linien begrenzte Fünfecke bilden. Solche Figuren lassen sich aber leicht auf mannigfache Weise bilden, z. B. so, wie beistehende Diagramme zeigen:

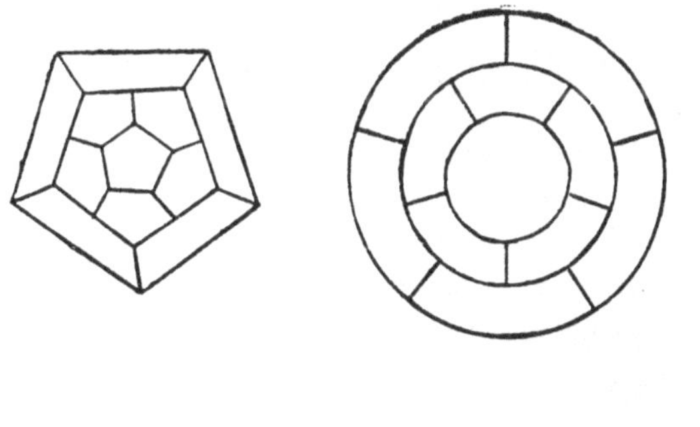

Wählen wir von diesen Surrogaten des Dodekaeders das zweite, das also aus drei concentrischen Kreisen besteht, von denen der mittlere sowohl mit dem inneren wie mit dem äusseren durch je 5 gerade Quer-Strecken verbunden ist! Es wird nun jedem Leser leicht gelingen, die Linien dieser Figur sich so durchwandert zu denken, dass jeder Punkt einmal besucht wird und der Schlusspunkt mit dem Ausgangspunkt zusammenfällt. Hamilton stellte aber von vornherein die weitere Forderung, dass die fünf ersten Stationen vorgeschrieben sein sollen. Eine eingehende Untersuchung ergiebt, dass auch dann die Aufgabe noch immer lösbar ist, und dass bei dieser Beschränkung 2 oder 4 Lösungen erscheinen, je nach der Wahl der ersten 5 Stationen. Sind z. B. A, B, C, D, E in der beistehenden Figur die ersten 5 Stationen, so ergiebt die weitere Wanderung FGHIKL MNOPQRSTUA eine sehr nahe liegende Lösung.

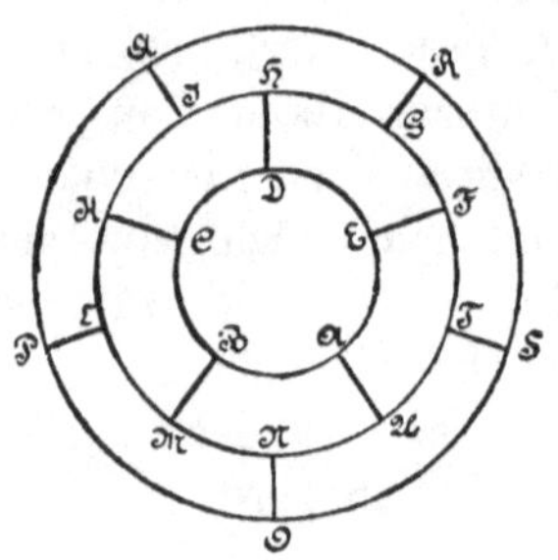

Ein zweites Problem, das Hamilton stellte, schrieb die drei ersten Stationen und die nicht mit der Anfangs-Station identische Schluss-Station willkürlich vor, hielt aber sonst an der grundlegenden Forderung fest, dass jede Station nur einmal besucht werden dürfe. Dieses zweite Hamiton'sche Problem führt zu 0, 1, 4 oder 6 Lösungen, je nach der Wahl der gegebenen vier Stationen. Beispielsweise hat das Problem nur eine einzige Lösung, wenn A, B, C als Anfangs-Stationen, Q als Schluss-Station gegeben ist. Diese Lösung lautet:

ABCDEFTUNMLKIHGRSOPQ,

wo die Buchstaben sich auf die obige aus drei Kreisen zusammengesetzte Figur beziehen. Sind dieselben Anfangs-Stationen, aber eine andere Schluss-Station vorgeschrieben, so ergeben sich 2, 4 oder 6 Lösungen, ausgenommen in den Fällen, wo diese Schluss-

Stationen K, D, F, P, M, N, T sind. In diesen Fällen hat das Problem nämlich gar keine Lösung.

Eine dritte Modification, die Hamilton dem Problem gab, nahm mehrere aufeinanderfolgende Anfangs-Stationen als gegeben an und verlangte dann, dass nach einer vorgeschriebenen Anzahl von folgenden Stationen es unmöglich werde, weiterzureisen, ohne dass die Hauptregel des Dodekaeder-Spiels, nämlich, jede Station nur einmal zu besuchen, verletzt werde. Z. B. seien T, S, Q, R vier gegebene Anfangs-Stationen, und sei verlangt, dass nach 6 weiteren Stationen die Fortsetzung der Reise unmöglich werde. In diesem Falle ergiebt sich die eine Lösung: TSQRIHDEFG.

Endlich bestand eine vierte Modification des Geduldspiels darin, dass eine vorgeschriebene Station bei der Reise ausgeschlossen sein sollte, sonst aber dieselben Bedingungen erfüllt würden, wie bei dem Haupt-Problem. Wenn z. B. A, B, C die Anfangs-Stationen, D die Schluss-Station sein sollen, und, wenn ausserdem der Ort M, den man sich etwa als von der Cholera heimgesucht vorstellen möge, ausgeschlossen sein soll, so ergeben sich zwei Lösungen, von denen die eine heisst:

ABCKLPQIHGRSONUTFED.

Kehren wir nach dieser Besprechung der Modificationen des Hamilton'schen Problems zu seiner ursprünglichen Fassung zurück! Nach dieser sollen alle 20 Stationen, und zwar jede einmal, auf einer zum Anfangspunkt zurückkehrenden Rundreise besucht werden. Schon Hamilton gab in der Versammlung der British Association vom Jahre 1857 eine mathematische Behandlung des Problems, die auf folgenden Ueberlegungen beruht. Wenn man irgend eine Station erreicht hat, so bieten sich immer zwei Wege zur Weiterreise dar, weil die Station im ganzen drei Ausgänge hat. Von diesen beiden Wegen muss bezüglich der Richtung, in der man die Station erreicht hat, der eine Weg rechts, der andere links abgehen. Wählt man den Weg rechts, so sei dies mit r bezeichnet, während das Links-Weiterreisen durch l ausgedrückt werde. In dieser Weise kann jede Hamilton'sche Rundreise durch 20 Buchstaben ausgedrückt werden, welche entweder r oder l heissen. Beispielsweise müsste die oben zuerst erwähnte Rundreise, bei welcher die Buchstaben in alphabetischer Reihenfolge erscheinen, so ausgedrückt werden:

rrrlllrlrlrrrlllrlrl.

Da der Schlusspunkt immer mit dem Anfangspunkt identisch sein soll, so kann man aus dieser mit rrr beginnenden Reihenfolge beliebige andere Reihenfolgen ableiten, indem man an beliebiger Stelle anfängt und den ersten Buchstaben als auf den letzten folgend ansieht. Ebenso kann man auch jede solche Reihenfolge in umgekehrter Richtung lesen. In solcher Weise kann man aus dieser einen als richtig erkannten Lösung alle existirenden Lösungen ableiten. Wenn nämlich die fünf Anfangs-Stationen beliebig gegeben sind, so ist aus ihnen die Richtung zu entnehmen, die man beim Verlassen der zweiten, dann der dritten, endlich der vierten Station jedesmal einschlagen muss, nämlich ob rechts oder links. Es kann also nur einer von den folgenden 8 Fällen eintreten:

rrr, rrl, rlr, rll, lrr, lrl, llr, lll,

Alle diese sind aber aus der obigen mit rrr beginnenden Reihenfolge als Anfänge von einer Reihenfolge zu entnehmen, und zwar erkennt man, dass mit rrr die obige und die umgekehrte Reihenfolge

rrrlrlrlllrrrlrlrlll

beginnen. Dadurch, dass man dem auf die Mitte folgenden rrr anfängt, erhält man keine neue Reihenfolge, sondern die alte nochmal, weil die zweite Hälfte der Reihenfolge ihrer ersten Hälfte genau kongruent ist. Die beiden erhaltenen, mit rrr beginnenden Reihenfolgen ergeben unmittelbar die beiden Lösungen des Problems, welche möglich sind, wenn die fünf Anfangs-Stationen in der durch rrr angedeuteten Folge liegen. Wenn zweitens rrl der Anfang der Reihenfolge ist, so ergeben sich aus der obigen mit rrr beginnenden Reihenfolge wiederum zwei Reihenfolgen, nämlich:

rrlllrlrlrrrlllrlrlr

und:

rrlrlrlllrrrlrlrlllr,

woraus sich die beiden Lösungen ergeben, die möglich sind, falls die fünf Anfangs-Stationen in ihrer Lage dem Symbol rrl entsprechen, wie z. B. ABCDH. Ebenso giebt es auch zwei mit rll beginnende Reihenfolgen. Und da durch Vertauschung von r und l der anfängliche Cyclus in seine Umkehrung übergeht, so verhält sich lll genau wie rrr, llr wie rrl und lrr wie rll. Es bleiben daher nur noch die Fälle rlr und lrl übrig, welche sich wieder gleich verhalten, und von denen jeder zu 4 Lösungen führt. So haben die 4 Lösungen, die sich auf rlr beziehen, die Symbole:

rlrlrrrlllrlrlrrrlll
und rlrrrlllrlrlrrrlllrl
und rlrlrlllrrrlrlrlllrr
und rlrlllrrrlrlrlllrrrl.

Diesen 4 mit rlr beginnenden Lösungen entsprechen z. B. die 5 Anfangs-Stationen A, B, C, K, I, und wir erhalten, entsprechend den obigen 4 Lösungen die folgenden 4 Rundreisen:

1) ABCKIQRGHDEFTSOPLMNUA
2) ABCKIHDEFGRQPLMNOSTUA
3) ABCKIQRSOPLMNUTFGHDEA
4) ABCKIQPLMNOSRGHDEFTUA.

Aus der Lage der gegebenen 5 Anfangs-Stationen lässt sich also sofort entnehmen, ob 2 oder 4 Rundreisen möglich sind. Wenn V, W, X, Y, Z die 5 Anfangspunkte sind, so kommt es darauf an, ob man bei der Durchreise durch W, X, Y sich rechts oder links wendet. Wenn man sich erst rechts, dann links, dann rechts wendet, so giebt es 4 Rundreisen, ebenso auch, wenn man sich erst links, dann rechts, dann links wendet. In allen übrigen Fällen giebt es nur zwei. Aus unserm Cyclus

rrrlllrlrlrrrlllrlrl

kann man auch erkennen, in welchen Fällen eine Rundreise mit sechs oder noch mehr gegebenen Anfangs-stationen gelingt. Bei 6 gegebenen Stationen handelt es sich darum, ob man sich bei dem Passiren der 4 mittleren Stationen so wendet, dass die 4 Wendungen in dem obigen vorwärts oder rückwärts gelesenen Cyclus vorkommen. Aus den Buchstaben r = rechts und l = links lassen sich aber 16 Gruppen zu je vieren zusammenstellen, von denen 12 in unserm Cyclus vorkommen, 4 aber nicht. Diese vier sind:

rrrr, rllr, lrrl, llll.

Von diesen 4 Gruppen können rrrr und llll naturgemäss nicht vorkommen, da diese sich auf die Umwanderung eines Fünfecks beziehen, sodass als sechste Station wiederum die erste Anfangsstation auftritt. Es bleiben also danach nur die Fälle rllr und lrrl als solche übrig, bei denen eine Rundreise unmöglich wird. Der erste dieser Fälle tritt z. B. ein, wenn A, B, C, K, L, P als die 6 ersten Stationen vorgeschrieben sein sollten. Man sieht die Unmöglichkeit einer so beginnenden Rundreise auch daran, dass bei einem derartigen Reiseanfang die Station M nicht wieder verlassen werden könnte. Denn von ihren drei Nachbarn B, L, N sind B und L schon vorher passirt, so dass man also zu M nur von N aus gelangen könnte, ohne dann die Möglichkeit einer Weiterreise zu haben.

Aus dem von uns gewonnenen Cyclus ergiebt sich auch sehr leicht die Anzahl der möglichen Rundreisen in den Fällen, wo weniger als 5 Anfangsstationen gegeben sind. Man erkennt dann die Richtigkeit der wohl schon von Hamilton aufgestellten Tabelle, die auch Herr Lucas in seinen Récréations anführt.

| Gegebene Anfangspunkte | führen zu Lösungen |
|---|---|
| 8 oder mehr . . . . . | 1 oder 0, |
| 7 . . . . . . . . . . . . | 2 oder 1 oder 0, |
| 6 . . . . . . . . . . . . | 3 oder 2 oder 1 oder 0, |
| 5 . . . . . . . . . . . . | 4 oder 2, |
| 4 . . . . . . . . . . . . | 6 oder 4, |
| 3 . . . . . . . . . . . . | 10, |
| 2 . . . . . . . . . . . . | 20, |
| 1 . . . . . . . . . . . . | 30. |

Alle diese Resultate flossen aus dem obigen von den Buchstaben r und l gebildeten Cyclus. Dieser aber entstand aus einer schon als gefunden angesehenen Lösung. Daher entsteht die Frage, ob die Hamilton'sche Methode, welche ja aus einer Lösung alle Lösungen leicht ergiebt, auch im Stande ist, von vornherein eine Lösung theoretisch zu entwickeln. Die Bejahung dieser Frage erkennt man aus gewissen Relationen, die sich zwischen den Gruppirungen der Buchstaben r und l aus der Natur der grundlegenden Figur ergeben. Man ersieht daraus leicht, dass man immer zu demselben Ausgangpunkt zurückkommt, gleichviel ob man zweimal nach einander links geht, oder erst rechts, dann dreimal links und endlich wieder rechts. Z. B. gelangt man, von U kommend, über A und B nach M, indem man zweimal links geht. Man gelangt aber auch über A, E, D, C, B nach demselben Punkte M; wobei man erst rechts, dann dreimal links und zuletzt rechts geht. Man kann diese Erscheinung symbolisch so ausdrücken:

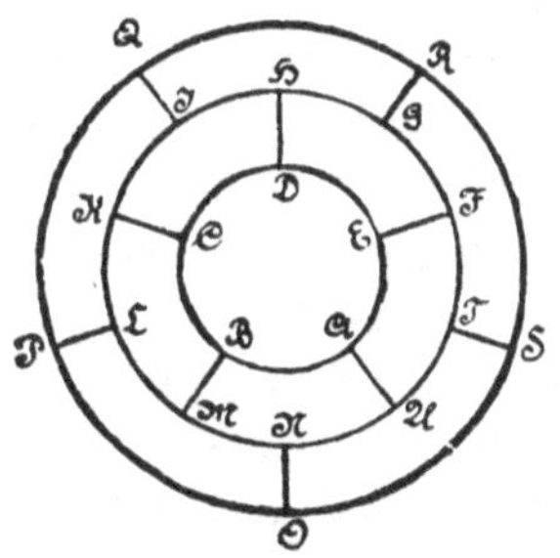


$$ll = rlllr.$$

Ebenso überzeugt man sich auch von der Richtigkeit der folgenden Gleichung $lrl = rllr$. Ferner erhält man aus diesen beiden Relationen noch zwei neue, wenn man überall r und l miteinander vertauscht. Diese Relationen kann man nun verwenden, um aus einer selbstverständlichen Rundreise über nur fünf Stationen die auf alle 20 Stationen bezüglichen Cyclen abzuleiten. Wenn man den Umfang eines der Fünfecke, aus denen sich die Dodekaeder-Figur zusammensetzt, umkreist, so kehrt man zum Anfangspunkt zurück, indem man entweder fünfmal nach einander links oder fünfmal rechts umbiegt. Diese Thatsache nehmen wir als Ausgangspunkt. Dann erhalten wir mit fortwährender Benutzung der Relation $ll = rlllr$ die folgende theoretische Ableitung eines Cyclus:

(ll) lll = (rlllr) lll = (rrlllrlr) (rlllrl)
= (rrrlllrlrlr) (rrlllrlrl)
= rrrlllrlrlrrrlllrlrl.

Von welcher Relation man auch ausgehen mag, und wie man auch die Substitutionen vornehmen mag, man gelangt, sobald man 20 Buchstaben erreicht hat, immer zu einer Gruppe, die sich von der eben gefundenen entweder nur dadurch unterscheidet, dass sie an einer andern Stelle anhebt, aber cyclisch mit ihr identisch ist, oder, dass sie statt vorwärts rückwärts läuft. Damit erkennt man von neuem, dass andere Lösungen, als die aus unserem Cyclus resultirenden unmöglich sind.

Ausser Hamilton selbst hat auch der französische Artillerie-Offizier Hermary das Hamilton'sche Problem mathematisch behandelt. Von seinen beiden Methoden, um zu allen Lösungen zu gelangen, soll hier die eine kurz erwähnt werden. Wenn Jemand zwei aufeinanderfolgende Strecken der Dodekaeder-Figur durchwandert hat, so hat er dadurch immer zwei Seiten eines einzigen bestimmten Fünfecks passirt. Es kann daher beim Weiterwandern nur zweierlei stattfinden, entweder die dritte durchwanderte Strecke gehört mit den ersten beiden Strecken zu einem und demselben Fünfeck, oder die dritte Strecke gehört mit der zweiten Strecke zu einem andern Fünfeck, als das Fünfeck war, zu dem die beiden ersten Strecken gehörten. Im ersten Falle wollen wir die Art des Wanderns mit b als dem ersten Buchstaben von „bleiben" bezeichnen, im zweiten Falle mit w als dem ersten Buchstaben von „wechseln". Man kann daher bei jeder Rundreise zwischen zwei Stationen immer durch Angabe der Buchstaben b und w angeben, welche von den beiden Arten des Wanderns an jener Stelle befolgt ist, wie aus der nebenstehenden Figur ersichtlich ist, wo die grossen lateinischen Buchstaben in ihrer alphabetischen Reihenfolge die

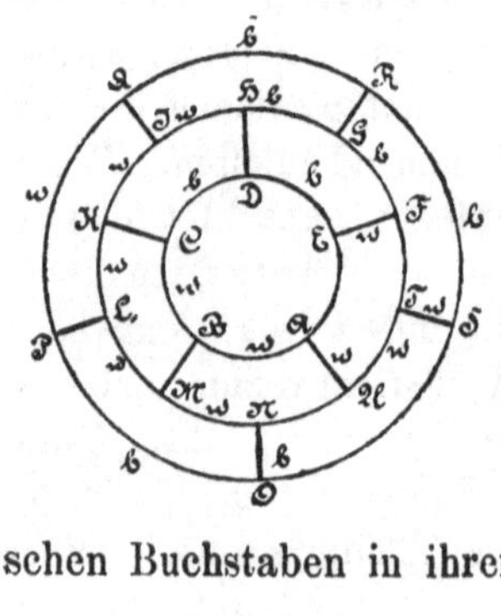

Rundreise angeben, und wo die Buchstaben b und w andeuten, ob die erste oder die zweite von den beiden eben angedeuteten Arten des Wanderns befolgt ist. Wir erhalten also die Reihenfolge:

w w b b w b b w w w w w b b w b b w w w,

oder, da die erste Strecke bei einer Rundreise sich wieder an die letzte anschliesst, 5 Wechsel, 2 Bleiben, 1 Wechsel, 2 Bleiben und dann in derselben Reihenfolge nochmal. Es zeigt sich leicht, dass alle Lösungen des Problems demselben soeben erhaltenen Gesetze gehorchen, wenn die Reihenfolge des Wechselns und Bleibens als cyclisch betrachtet wird, und wenn ausserdem jede Rundreise sowohl vorwärts als rückwärts aufgefasst wird. Auch diese Methode von Hermary führt dazu, bei gegebenen Anfangsstationen leicht zu erkennen, wieviel Lösungen möglich sind, und damit die oben angegebene Tabelle der Lösungen zu bestätigen. Wenn insbesondere 5 Anfangsstationen gegeben sind, etwa V, W, X, Y, Z, so können nur 4 Fälle eintreten, je nachdem nämlich die Strecke X Y demselben Fünfeck wie V W und W X oder einem neuen angehört, und je nachdem dann Y Z demselben Fünfeck wie W X und X Y oder einem neuen angehört, d. h. wir haben nur die 4 Fälle b b, b w, w b, w w. Aus dem oben gewonnenen Cyclus von Buchstaben b und w entnehmen wir nun aber, dass anfangen:

1) mit b b 2 Gruppen, nämlich:<br>
b b w b b w w w w w b b w b b w w w w w<br>
b b w w w w w b b w b b w w w w w b b w,

2) mit b w 2 Gruppen, nämlich:<br>
b w b b w w w w w b b w b b w w w w w b<br>
b w w w w w b b w b b w w w w w b b w b,

3) mit w b 2 Gruppen, nämlich:<br>
w b b w w w w w b b w b b w w w w w b b<br>
w b b w b b w w w w w b b w b b w w w w,

4) mit w w 4 Gruppen, nämlich:<br>
w w w w w b b w b b w w w w w b b w b b<br>
w w w w b b w b b w w w w w b b w b b w<br>
w w w b b w b b w w w w w b b w b b w w<br>
w w b b w b b w w w w w b b w b b w w w.

Aus diesem Resultat ergiebt sich immer sofort die Entscheidung, ob bei beliebig gegebenen fünf Anfangsstationen zwei oder vier Lösungen existiren. Auch die

Tabelle über die Anzahl der Lösungen bei einer andern Zahl von gegebenen Anfangsstationen konnte Hermary aus seiner Methode leicht ableiten.

Trotz der grossen Eleganz sowohl der Hamilton'schen wie der Hermary'schen Untersuchungsmethode des Dodekaeder-Rundreiseproblems, hält der Verfasser dieses Buches es dennoch für praktisch, eine dritte Methode noch anzufügen, welche zwar an Schärfe und Exactheit tief unter den eben besprochenen steht, aber doch den Vortheil hat, dass sie in gleicher Weise auf jede aus Punkten und ihren Verbindungslinien bestehende Figur anwendbar ist. An eine Erweiterung des Hamilton'schen Rundreiseproblems haben selbstverständlich schon Hamilton, Hermary und auch Lucas und Ball, der öfter genannte Verfasser der Récréations, gedacht. Auch der Leser wird vielleicht schon daran gedacht haben, ob die Rundreise, welche er im Sommer beabsichtigt, die Hamilton'sche Bedingung erfüllt, dass jede Station, welche einmal berührt ist, nicht wieder berührt werden darf. Um also eine praktische Methode zu gewinnen, welche auch bei beliebiger Anordnung von Punkten und Verbindungslinien zu Lösungen führt, betrachten wir noch einmal unsere grundlegende Figur, die aus drei concentrischen Kreisen hervorgeht. Markirt man bei dieser Figur die durchwanderten Strecken, um sie von den nicht durchwanderten unterscheiden zu können, so muss jede Rundreise immer 20 beschrittene und 10 unbeschrittene Strecken ergeben. Denn jede von den 20 Stationen verlässt man bei einer solchen Rundreise einmal, sodass ebensoviel Linien beschritten werden, wie es Stationen giebt. Da ferner 30 Linien im Ganzen vorhanden sind, so bleiben immer 10 unbeschrittene Linien übrig. Es ist ferner klar, dass jede Station eine, aber auch nur eine, unbeschrittene Strecke aussendet, weil von den 3 Strecken, die von ihr ausgehen, eine zur Hinreise und eine zur Abreise benutzt werden muss. Es handelt sich also darum, von den 30 Linien zehn auszulesen, so dass von jedem Punkte immer gerade eine ausgeht. Die Auswahl ist aber in praxi immer viel leichter, als die Auswahl der zu befahrenden Strecken, weil die Anzahl der letzteren 20, die Anzahl der nicht zu beschreitenden Strecken aber nur 10 beträgt. Beispielsweise ist die oben zuerst erwähnte Rundreise, bei welcher die Reihenfolge der berührten Stationen alphabetisch ist, in der beistehenden Figur so dargestellt, dass die 10 nicht beschrittenen Strecken continuirlich gezeichnet sind, die Rundreise selbst aber punktirt ist. Natürlich lassen sich

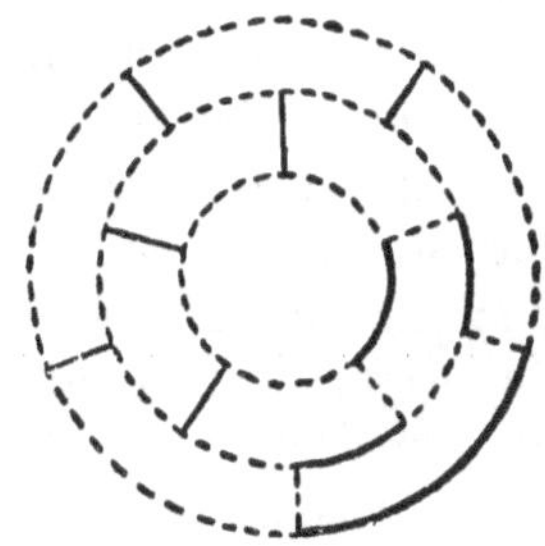

auf mannigfache Weise die zehn nicht zu beschreitenden Linien auswählen, jedoch, wie man leicht sieht, auf nur zwei- oder vierfache Weise, wenn die 5 Anfangsstationen gegeben sind, was mit dem oben nach der Hamilton'schen oder Hermary'schen Methode gefundenen Resultat übereinstimmt. Beispielsweise stellen die vier folgenden Figuren

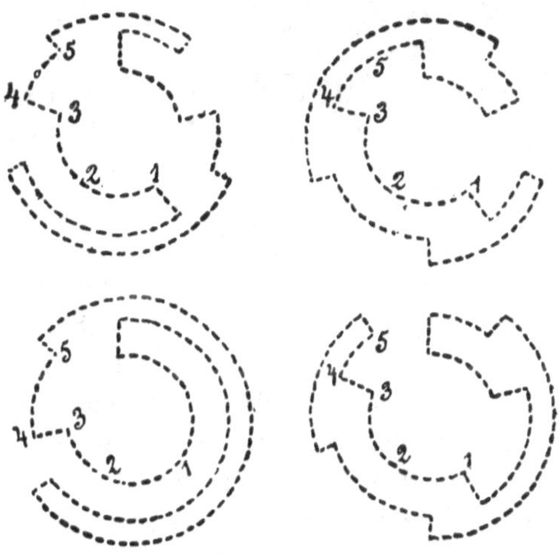


die 4 Lösungen des Problems in dem Falle vor, wo A, B, C, K, I die 5 Anfangsstationen sind. Hier sind in allen 4 Figuren die 5 identischen Anfangsstationen mit 1, 2, 3, 4, 5 bezeichnet. Die nicht beschrittenen Strecken sind gar nicht, die beschrittenen punktirt gezeichnet.

Diese Methode lässt sich nun leicht auf beliebige Figuren übertragen. Man notire sich zunächst für jeden Punkt die Zahl der von ihm ausgehenden Linien. Die Hälfte von der Summe aller so notirten Zahlen ist immer die genaue Anzahl aller Linien. Vermindert man diese Anzahl um die Anzahl aller Punkte, so erhält man immer die Zahl der nicht zu beschreitenden Linien. Man hat dann soviel Linien, wie diese Zahl anzeigt, in der Figur als „verboten“ zu markiren, wobei man nur auf zweierlei zu achten hat, erstens darauf, dass von jedem Punkte soviel verbotene Linien ausgehen, wie die um zwei verminderte, bei diesem Punkte notirte Zahl angiebt, zweitens darauf, dass die so erhaltene Rundreise nicht in zwei oder mehr Rundreisen zerfällt, von denen jede in sich zurückläuft.

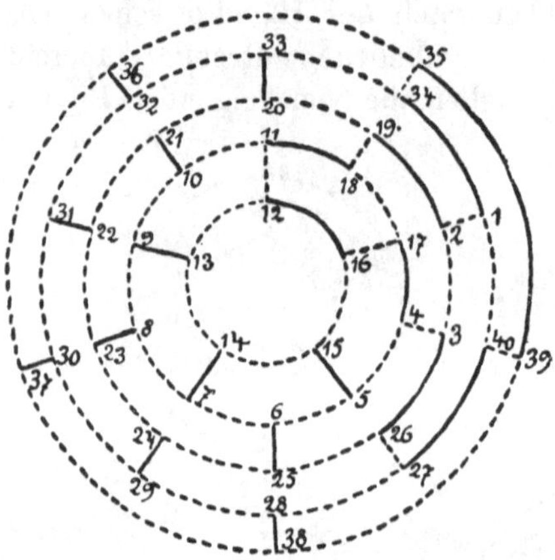

Hat jeder Punkt, wie bei der Dodekaeder-Figur drei Ausgänge, so muss von jedem Punkte eine verbotene Linie ausgehen. Dies ist z. B. bei der folgenden Figur der Fall, in der 40 Punkte durch 60 Linien miteinander zusammenhängen, und in der wieder die 20 verbotenen Linien continuirlich gezeichnet sind, während die daraus unzweideutig hervorgehende Rundreise selbst punktirt gezeichnet und überdies noch durch die natürliche Zahlenreihe kenntlich gemacht ist.

Während diese Figur einem Körper entspricht, der von 12 Fünfecken und zehn Sechsecken begrenzt wird, ist die folgende Figur das Bild eines Körpers, der von 12 Fünfecken und acht Sechsecken begrenzt wird, jedoch auch so, dass jede Ecke 3 Kanten aussendet. So entstehen 36 Punkte, die durch 36 zu beschreitende und 18 zu vermeidende Linien zusammenhängen. Wiederum sind die zuerst bestimmten verbotenen Wegen continuirlich, die Wege der Rundreise selbst punktirt gezeichnet.

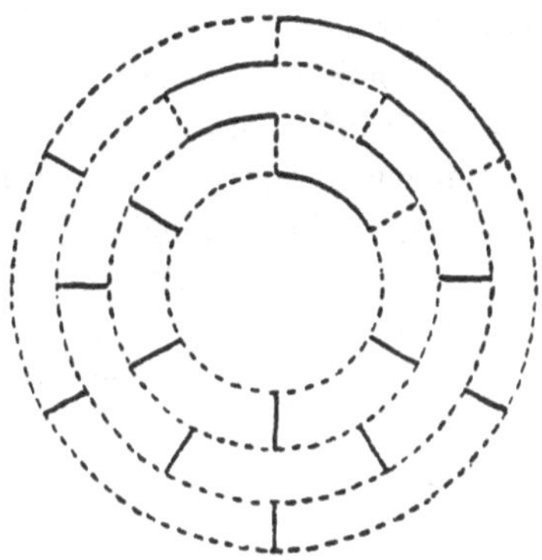

Es bietet nun gar keine Schwierigkeit, die Methode, welche darin besteht, die verbotenen Strecken zuerst auszuwählen, auch auf solche Figuren auszudehnen, wo nicht jeder Punkt 3 Linien aussendet. Man hat dann bei jedem Punkte die um 2 verminderte Zahl seiner Ausgänge zu notiren, und dann dafür zu sorgen, dass bei der Auswahl der nicht zu beschreitenden Strecken jeder Punkt soviel solcher Strecken aussendet, wie die bei ihm notirte Zahl angiebt. Auf diese Weise sind die auf den folgenden Figuren punktirt gezeichneten Rundreisen entstanden.

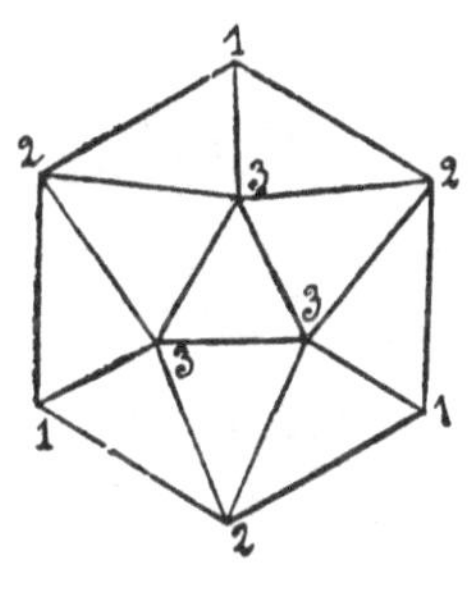

ergiebt

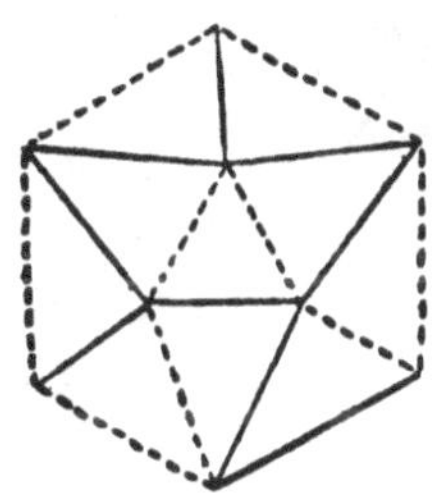

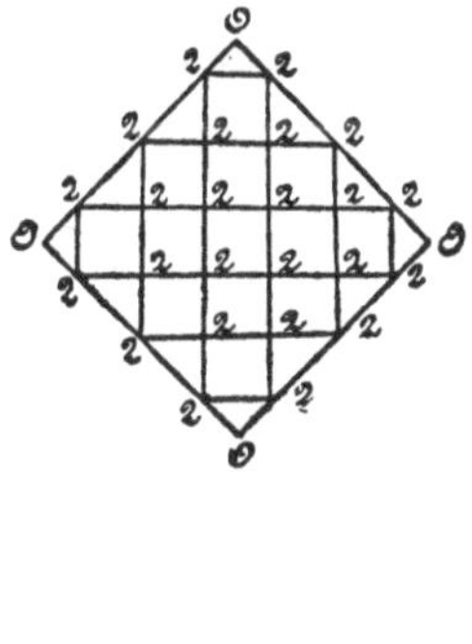

ergiebt

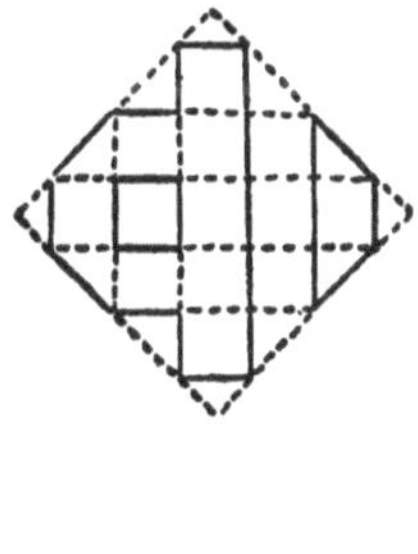

Zum Schluss bringen wir noch eine 51 Stationen umfassende Eisenbahnkarte, und überlassen es dem Leser, eine Rundreise aufzufinden, welche alle 51 Stationen, jede aber nur einmal, berührt, und welche keine andern Eisenbahnlinien benutzt als solche, die in der Karte gezeichnet sind. Die 51 Stationen sind ungefähr nach ihrer wirklichen geographischen Lage angegeben, die Eisenbahnlinien sind jedoch, der Einfachheit wegen, geradlinig gezeichnet. Da nicht alle Stationen gleichviel Linien aussenden, und da die Figur sich aus Polygonen mit sehr verschiedener Seitenzahl zusammensetzt, so kann weder die Hamilton'sche noch die Hermary'sche Methode zur Auffindung einer Lösung angewandt werden, wohl aber die zuletzt auseinandergesetzte Methode, die darauf beruht, dass man zuerst die nicht zu befahrenden Strecken methodisch ausschaltet.

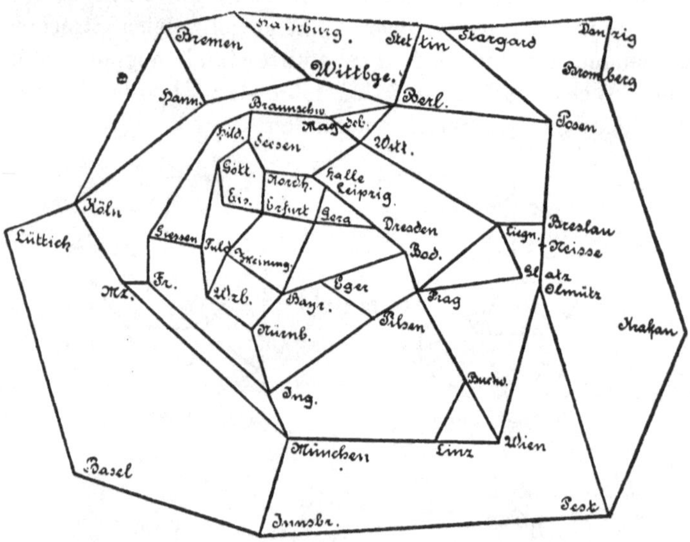


Druck von G. Bernstein in Berlin.

FSC
www.fsc.org
MIX
Papier | Fördert
gute Waldnutzung
FSC® C083411

Zeitfracht Medien GmbH
Ferdinand-Jühlke-Straße 7
99095 Erfurt, Deutschland
produktsicherheit@kolibri360.de